占据与连接

——对人居场所领域和范围的思考

[德] 弗雷·奥托 著
武凤文 戴 俭 译

中国建筑工业出版社

版权合同登记图字：01-2009-3729号

图书在版编目(CIP)数据

占据与连接——对人居场所领域和范围的思考/（德）奥托著；武风文等译.—北京：中国建筑工业出版社，2011.3
ISBN 978-7-112-12865-5

Ⅰ.①占… Ⅱ.①奥…②武… Ⅲ.①居住环境–研究–Ⅳ.①X21

中国版本图书馆CIP数据核字（2011）第007554号

Copyright © 2009 Edition Axel Menges
Translation Copyright © 2010 China Architecture & Building Press
All rights reserved.
本书经德国 Edition Axel Menges 授权我社翻译、出版
OCCUPYING AND CONNECTING: THOUGHTS ON TERRITORIES AND SPHERES OF INFLUENCE WITH PARTICULAR REFERENCE TO HUMAN SETTLEMENT
本书英文版由Berthold Burkhardt编辑

责任编辑：戚琳琳　段　宁
责任设计：赵明霞
责任校对：陈晶晶　赵　颖

占据与连接
——对人居场所领域和范围的思考
[德]弗雷·奥托　著
武风文　戴俭　译
*
中国建筑工业出版社出版、发行（北京西郊百万庄）
各地新华书店、建筑书店经销
北京嘉泰利德公司制版
北京云浩印刷有限责任公司印刷
*
开本：787×960 毫米　1/16　印张：7　字数：180千字
2012年3月第一版　2012年3月第一次印刷
定价：38.00元
ISBN 978-7-112-12865-5
（20112）

版权所有　翻印必究
如有印装质量问题，可寄本社退换
（邮政编码100037）

译者序

《占据与连接——对人居场所领域和范围的思考》的翻译过程是一个非常享受的过程。本书有着精湛的规划理论和严谨的技术方法,把这些优秀的理论和设计方法介绍给国内的读者,藉以用一种全新的视野研究人居场所领域。

本书的原著为德文,书中英文中穿插着德文,因两种语言表达习惯和语法语义的微妙差别,在本书的翻译过程中译者力求忠于原著,并多方请教德语和英语的相关专业人士,共同反复推敲,力争无误。对于译文中出现的有关人名、地名以及机构名称等词汇,由于同音多译的缘故,可能与其他译法存在差异,如给读者阅读造成不便,敬请谅解。

本书中文版的问世,凝结着译者的心血和劳动,在此衷心感谢配合本书翻译做了大量工作的北京工业大学的傅博、冯辽和金示哲,同时也真诚地感谢中国建筑工业出版社的戚琳琳和段宁编辑,是她们的热情和努力促成了本书的出版。由于时间仓促,加之译者水平有限,若有翻译不当之处,敬请读者谅解。

北京工业大学　武凤文
2011 年 8 月

目录

3　译者序
6　引言
7　术语

8　第一部分　占据的过程

9　对点、线、面和空间的占据
10　自然型和技术型占据
10　动态型和静态型占据
10　随机型占据
11　规划型占据
11　松散型占据
12　紧凑型占据
13　松散与紧凑相结合的占据
14　住宅与房屋建筑中松散型和紧凑型的占据过程
25　领地
29　形状和网格
32　随机型占据
39　紧凑型占据
44　紧凑型与松散型同时占据
48　对当今城市的思考

49　第二部分　连接的过程

50　连接
52　自然界中的道路系统
57　聚落内道路系统
58　规划的道路系统
60　道路系统总论
74　几何型道路系统
83　墨迹、水滴及其他表面占据形式
94　对道路和道路系统的占据——城市发展的过程
108　现实的研究
111　对理想城市的思考
111　怎么办？

112　参考文献
112　致谢

引言

"最短路径"是斯图加特技术学院轻量化结构研究所于1964年成立时最早的研究课题之一，也是我在柏林的轻量化设计开发中心曾经研究过的课题。

这些实验及多种方式下产生的最短路径，也就是任意两点间的最短距离，已由IL 1. 研究所用英文和德文在第一卷中出版。尤其是在与斯图加特的测绘学家克劳斯·林克维茨（Klaus Linkwitz）以及波恩的数学家斯特凡·希尔德布兰德（Stefan Hildebrand）进行跨学科交流时，使我对最短路径和极小曲面产生了浓厚的兴趣。

对自然界和技术界中的网络以及对网架结构的相关应用研究是"大跨度二维框架"（Wide-span Two-dimensional frameworks；1970至1985）专项研究课题的一部分。斯图加特大学和蒂宾根大学（University of Tübingen）开展的另一专项研究课题"自然结构"（Natural structures）致力于研究自然界和技术界中的轻型结构原理，期间受益于柏林生物学家和人类学家约翰·格哈德·黑尔姆克（Johann Gerhard Helmcke）学术观点的启发。德意志研究联合会（DFG）在遗传学家赫尔穆特·拜奇（Helmut Baitsch）和时任DFG主席的海因茨·迈尔－莱布尼茨（Heinz Maier-Leibnitz）的推动下于1968年开始对专项研究课题进行资助，使来自不同学科的学者有机会联合开展跨学科的基础性研究。纵使时光变迁，他们作为极富创造精神的先驱必将载入德国大学教育与研究的史册。

当然，房屋建设和城市发展是"自然结构"专项领域中的重要组成部分。

斯图加特大学的轻型结构研究所和克劳斯·洪佩特（Klaus Humpert）城市设计研究所就这一子课题开展了联合研究。

跨学科研究项目经常由于各种原因导致科研周期较长，因此，参与者必须了解、接受并适应不同的专业术语、工作方法和思维方式。专项研究课题在研究过程中的重要工作方法和科研成果将被IL和城市规划研究所出版，其中最为显著的是易拉·斯科尔（Eda Schaur）关于无规划住宅区的研究。

目前，针对居住区及其连接方式的历史、起源、功能和变迁等方面的研究是城镇规划领域的一个新视角。

人类繁衍过程中对点、线、面和空间自发的占据意识成为所有城镇规划的最原始动因。显然，鲜有规划师能熟知这一理念。规划重在实践，建筑和城镇的产生源自于人类对外界事物的重新布置。对自然界和技术界中"占据与连接"过程的研究需要新的研究起点、观察方法、实验方式和动态论证模型。

自然和人工环境由网络、路径、媒介、节点和领地等要素组成并受其影响。"占据与连接"的相关知识是理顺这一发展脉络的关键所在。莱昂哈德·奥伊勒（Leonhard Euler）在解决"哥尼斯堡的七座桥梁"（Seven bridges of Königsberg；1736）问题时第一次运用到数理模型，与目前所面临的城市发展、交通和通信技术等问题一同成为热门话题。

以上陈述只是对一个大型课题所做的简要介绍，这样有意识的激励人们用开放的眼光更近距离并更及时地去审视我们赖以生存的地球，其目的是让人们懂得"埏埴以为器"的道理。

人类共识的达成与觉悟的提高均能避免自身与大自然为敌，这样才可能形成城镇规划和住房建设的全新理念。

我把做的这一切献给曾经与我共事的贝特霍尔德·布克哈特（Berthold Burkhardt）（1964年成为研究组成员）、克劳斯·洪佩特、马雷克·科沃杰伊奇克（Marek Kolodziejzyk）、乌尔里希·库拉（Ulrich Kull）、克劳斯·林克维茨和易达·斯科尔（Eda Schaur）。再次感谢贝特霍尔德·布克哈特对此项工作能取得今天这样的成果所给予的帮助。

弗雷·奥托

术语

人类、动物和植物都占据一定的表面，以及点、线、面。但是各种非生物却散落在更广阔的表面上。这种占据是机动的，但又是固定的。它可以是随机的和无序的、有规划的或无规划的、可变更的或不可变更的、改良的或恶化的，疏远的或简单的，这些都在自我形成的过程中变得自然起来。

"领地"是指动物们的生存空间和影响范围以及植物（或山石）的"所在地"，包括田野、森林和牧场等"环境"。对人类而言，像房屋和花园这样的内部或外部环境则成为其重要的领地。人类的日常用地和势力范围通常称为领土，既能使彼此保持适当的间隔，又力求形成最理想的连接距离。

动物和人类对栖息地的选择在很大程度上取决于他们的身体条件。就人类而言，需要一定的私人领域和交往空间。

植物的根茎，动物的巢穴和人类的房屋，连同路径一同作为区分各自领地的特定标识和静态符号。

人类个体的影响范围是动态的，只有当人睡觉时才静态占领着属于他的那部分地表，在这里作为特定因素的床，有时可能只存在一个晚上。将地表的某一部分视作个人财产的主张是人类近、现代史上的一项发明。实际上，这种公然将土地划为己有的行为减缓并阻碍了以自然与和平方式占据的进程。

然而，只有当人们熟悉这一进程时才能防止发生类似的矛盾，对这一进程开展的研究将有助于人类和自然界的和谐共存。

第一部分
占据的过程

对点、线、面和空间的占据

点式占据

自然矗立着的树和塔与其他建筑物保持一定的距离,并占据着其自身所在的那一点。落在屋脊上的一只鸟随时有可能飞走,这就是临时占据某一点。占据具体的点也意味着彼此间将产生距离。

线式占据

电线上的一群鸟紧挨在一起时,彼此间仍保持着为能随时起飞所要求的最小间距(如图1.1),或至少不会与相邻的鸟离得太近。蜘蛛网上的露珠(如图1.2)像珍珠项链(如图1.3)一样有序地串联在一起。

沿道路两侧大小不等的地块被人们所占据(如图1.4)等,这样的例子不胜枚举。

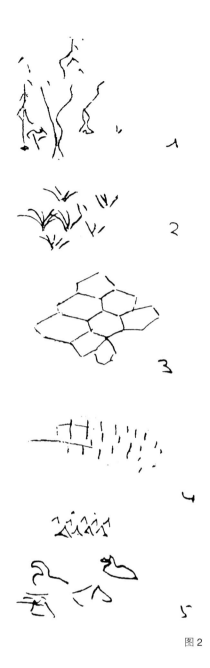

图2

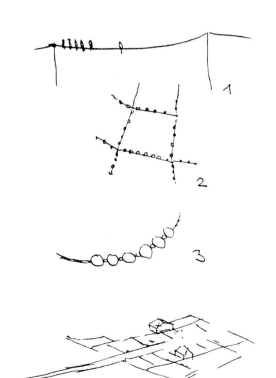

图1

面式占据

大片的树木形成森林(如图2.1),遍地的小草长成草坪(如图2.2),无数个细胞组成表皮(如图2.3),钻石晶莹剔透的切面,一块块石材铺砌成道路(如图2.4),搭巢的海鸥紧密簇拥在一起(如图2.5),这些都与人们占据沙滩和浴场时的情景一样。

空间式占据

对三维空间的占据无处不在。例如以下是从自然界和技术界中选取的几个生物或非生物的实例：太空中的星球，成群的鸟类或鱼类，云团里的水滴，空气中弥漫的花粉颗粒，晶体中的分子，沙堆里的沙粒，以及曼哈顿的灯光等等。

自然型和技术型占据

占据分别存在于非生物界、生物界和技术界中。技术界往往根据非生物界和自然的物理或化学现象作为其占据的途径。对地表进行的测绘或划界在很大程度上可以看成是一种规划行为，也就是说人类较少采用自然占据的方法。例如，用子午线和经纬度将地表进行划分的行为既是人为的，也是实用的。

几乎所有自然型占据都受到不同程度的自身条件影响，这在裂缝"占据"（黏土或玻璃的）平滑表面时表现得尤为明显，它主要是以六边形的方式布满物体表面，在理想情况下它的不同交叉点会组成一系列三角形。

叶片或昆虫翅膀表面占据的脉络以及动物和人类占据的领地在很大的程度上属于同种类别。

动态型和静态型占据

猛禽拥有动态的领地，它的位置取决于种群密度、行为方式和捕食频率，这对许多动物以及狩猎者来说也是如此。人体最小的领地就是他的私人范围，并与个体一样也是动态存在的。

植物在生根后的一生中都不能再进行移动，它们借助于可以飘动的种子达到散布种群或扩张领地的效果。动物种群在繁衍后代或建立领地并定居下来时同样占据了部分地表。

在大城市中，道路和大型建筑降低了人们的流动性。而像小城镇这样高度灵活的城市可以通过调整其规模和环境以达到加速、减缓甚至放弃占据的效果。

最初的基本居民点形态不仅可以从随意占据浴场和沙滩的游泳者身上得以体现，还能从宿营集会时在没有规划干预的情况下房车和帐篷形成的布局中得到答案。不难看出，这些居民点的结构具有特殊的功能、细部及变化形式，可以适用于不同文化背景的国家和地区，并不受气候因素的太大影响。

随机型占据

不受任何规律限制的占据模式可以被看成是随机的或无秩序的。然而，又似乎很少存在不受规律所限制的占据过程。大多数情况下，这种规律只是不容易被发现而已，即使是在规律发生作用的时候。

飘动的种子随风落地的过程可以看成是随机的，仅有少量的种子能够落到有利于成长的环境中生根发芽。这一淘汰过程影响到了占据的位置和所有植物的生存状态，并对随机型的占据起到了一定的制约作用。

这就意味着要对随机型占据进行系统性的研究和创造性的实验。

在天气良好的日子里，从阳台上洒落各种不同的物体，那么在这种"随机型占据"情况下物体所占据的位置、形状、尺寸和密度就能够被确定下来。

例如，假设引最近一点的中垂线来作为一个物体所占据区域的界线时，就很容易发现绝大多数占据的区域呈六边形，只有在特殊情况下占据的区域才会呈五边形或四边形（如图3）。

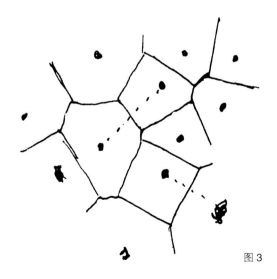

图3

松散型占据

物体以最大间隔占据点、线、面或空间的现象称之为松散型占据。例如,我们看到小鸟以尽可能大的间距落在电线上,具有独居习性的食肉动物划出各自的领地等都是典型的松散型占据过程。然而,狩猎者、采矿者以及管理者同样都在为自己争取尽可能大的"领地"(如图5、图6)。

图5

占据的结构所具有的特殊形式将在下面的文章中给予详细阐述。

发起并推动"松散型占据"这一进程的因素在非生物界中普遍存在并多种多样。例如在干枯的河床和硬化的岩石上形成的裂纹;散布在地球表面的上升气流;草地、森林和建筑等松散地占据地表等。这就开启了三维空间的大门,像鸟巢以及高层建筑物中的网架和桁架结构等占据三维空间的例子举不胜举。

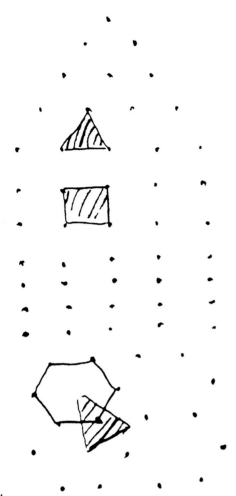

图4

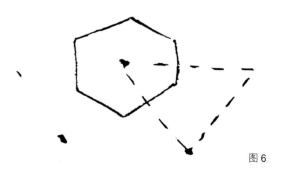

图6

规划型占据

人类凭借特有的秩序观念可以运用技术手段创造建筑物并对它进行识别、维护和测量,于是便产生了规划型的占据。

我们常见的三角形、六边形、正方形、矩形或菱形占据了某一区域的表面结构(如图4)。每一项规划,不论是确定道路红线、用地边界还是多层的建筑结构,都需要将规划的原则应用到对一到三维空间的占据过程中。从理论上讲,在对结果进行评测时用什么工具进行规划或许并不重要,但这些工具(丁字尺、曲线尺、光学仪器和电脑、建筑器材、数据输入和导出仪器等)却对输出的结果存在一定影响。

图 7

气体和液体中的分子在不停地运动,在一个密闭的空间内它们会尽可能地远离彼此。这一特点在有浓烈香味的气体扩散现象中表现得尤为突出。另外云团中的水凝物也有类似的扩散过程,尤其是被称做砧状云的雷雨云会从低海拔的积云中脱离出来(如图7)。此外,还可以通过观察卷云和飞行云得出同样的答案。

紧凑型占据

当相互间有吸引作用的物体占据线路、面域和空间时就会形成紧凑型占据。这种占据方式以物体间彼此靠近为特征。

项链上的珍珠,电线上的鸟群和沿街的联排住宅等都是典型的沿线路紧凑型占据的实例(如图8)。

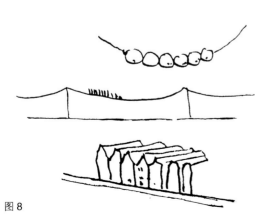

图 8

通过蜂拥的人群我们可以看到对面域的紧凑型占据,甚至通过身体的接触来实现最为紧凑的状态。紧凑型占据在正常情况下使个体丧失了部分私有面积。

有很多物种都习惯聚集在一起形成紧凑的领地。海鸥会以一种相互间不受干扰并在面临威胁时能及时起飞的方式聚集在一起孵卵。由此可见,群居动物一般会组成类似圆形的群集形态,即使是在快速移动过程中依然会保持着尽可能小的外围长度,这让人联想到了水银球在不平整的表面上滚动时的样子。

鸟群和鱼群运动时的场景也与此相仿,即使是在高速运动的过程中个体间依然保持着最紧密的状态。外围的个体总在试图往集群的中心靠拢,所以,集群的外边缘虽然时而显得模糊但却是时刻存在的。当把这样的集群看做是一个整体时,那它的形状就不仅像是风中飘动的肥皂泡,还像水面上漂浮着的油膜(如图9)。

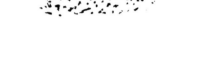

图 9

有很多种方式可以在一个平面上将立体的"领地"组合成一个三维空间。最常见的形式是立方体或街区,它们的关键点组合在一起就形成了笛卡儿网格系统。

最紧凑的外轮廓可以保证最小的表面积并使各关键点之间具有最短的距离。如同有大量泡沫产生时,其中每个泡沫的大小几乎相仿但形状却又不尽相同,组成了一种构造极其复杂的结构形式。

轻型结构研究所出版的一系列论著经常在某些细节中对泡沫材料所具有的高度有序的排列方式和组织结构进行论述(见第112页参考文献)。

松散与紧凑相结合的占据

许多占据的现象同时体现了两种占据方式。像椋鸟这样群居的鸟类落在电线上时会提心吊胆地挤在一起,但彼此间也保持着一定的距离以便随时起飞。不论是海鸥筑巢还是人类建造房屋,在相互邻近的同时又有所间隔(作为私用面积和专属领地)。那么,是否有人将外太空中运行的星球组成银河系的现象归结到这类占据方式中呢?

动物或人类采用群体狩猎的方式以达到占据最大狩猎区域的目的。森林里的人类居所或殖民地中的宅舍占据的领地之间既保持距离又有密切连接。这同样适用于防御型的城堡和密布农舍的村庄。

像这种在物体表面上占领一定范围的例子还可以举出很多,比如晨霜、汗毛、灌木丛、草地、竹林和森林等。

人类建造高层建筑物使人们能够紧邻而居,建设电视塔则可以通过天线向远处传送无线电信号。

三维空间中也有很多松散与紧凑相结合的占据的例子。气体和液体中的分子在不停运动的同时具有向外扩散的趋势。但当它们的体积被压缩到最小的饱和态时就会变成密度更高的固体,而当约束力消失时分子就会以其他形式再次占领邻近的空间而变成气体或液体的形态。大气循环也在三维空间里受到这种占领形式的影响,它不仅会引起气压的高低变化,同时还在地表形成间距不等的螺旋上升气流来保持能量平衡。此外,云的形成以及降雨、降雪等自然现象也是由这种占据过程所引起或影响的。水分子可以从液体蒸发到空气中,当空气中围绕在悬浮微粒周围的水分子达到饱和时就会产生凝结现象。这些固体微粒可能是粉尘或其他颗粒(比如雨的形成所用的碘化银晶体就极易引起水凝结)。起初,微小的水滴飘浮在空中形成模糊的雾气,此时水滴之间保持着一定的距离并且移动非常缓慢。随着湿度的不断增大,薄雾会慢慢地下沉到地面形成湿雾,但也可能因凝结引起的温度升高而随着气流逐渐上升。

飘浮在空气中的水滴当达到一定的密度时就可能像液体表面上的肥皂泡一样相互吸引,几个水滴融合在一起后尽管总体积保持不变但却缩小了总表面积。在这一过程中能量被释放出来并产生了朝向云团中心运动的气流。体积较大的水滴除了受到自身重力以外,还同时受到暖湿气流向上的推力,所以积云上部的轮廓会随时产生变化(如图10)。积云通常处于非饱和状态,表面的水滴蒸发后导致温度降低并引起云团内部分子的重新布局。云团的形状也因此发生了改变,逐渐"破裂"、"衰弱"和分散,有时也会消失得无影无踪。当云团上升到雷雨云的高度时,由于温度陡降促使水滴瞬间凝结形成微小的冰晶,随着这些冰晶颗粒间的排斥作用进而扩散成了"蘑菇"状的砧状云。它在通常情况下以卷层云的形式飘在空中,但也时常会逐渐消散。

云团中的水滴随着气流的上升而不断汇聚变大,如果上升气流的速度和冰晶下降的速度在短时间内达到平衡,这时冰晶就有可能凝结成超常的大小而形成冰雹。冬天里的降雪则是雨滴在降落过程中遇到地面上方的冷空气时瞬间凝却而成,如果形成的是雪花就可以飘落到很远的地方,而形成雪霰的话则会整团地直接坠向地面。

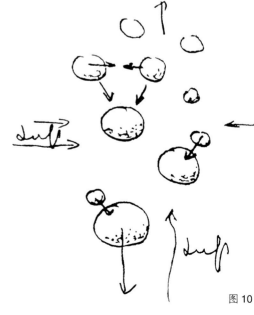

图10

住宅与房屋建筑中松散型和紧凑型的占据过程

上文中所举的例子可以运用"松散与紧凑相结合的占据"理论中的更多细节和实验方式来得到进一步引申。

松散型占据表面

实例1

当一家餐馆开始接待客人时（如图 11.1），位于角落里的座位会成为顾客们的首选（如图 11.2），而靠墙或位于餐馆中部的座位随后才会被占据（如图 11.3，图 11.4）。随着顾客的逐渐增多，有些可活动的桌椅就会被挪动位置以便腾出更多的空间加设新桌椅（如图 11.5），这一过程直到餐馆座无虚席时才会告一段落（如图 11.6），并在出现空位之前暂时保持这种相对稳定了的状态。

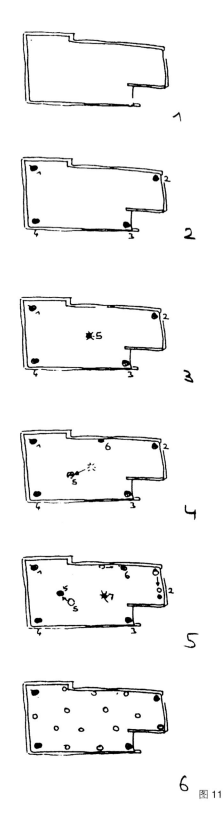

图 11

实例 2

松散型占据可以比较理想化地凭借经验推断或描述出来。相互间距离最远的几个点（如图 12A）容易被识别（如图 12B）。

在这个占据岛屿的例子中，5 号占据者需要通过改变自己的位置来应对 6 号占据者的到来（如图 12C）。而当 7 号占据者出现时 5 号不得不再次调整自己的相对位置（如图 12D）。如果占据者的数量进一步增加，那么形成的占据形态首先取决于所能被占据表面的形状，其次是占据的先后顺序（如图 12E）。

当迁移过程中遇到抵抗或阻碍时，选取怎样的占据顺序就显得尤为重要了。正如上文所述，"松散型占据"可以从动物和人类都习惯与其同类保持适当距离的现象中得以观察。

通过进行占据表面的实验可以获取宝贵的研究数据，并对行为学、城市发展以及建筑学等领域的相关研究起到帮助作用。比如，利用架设在电视塔上的照相机对随机出现在海滩和露天浴场中的个体所占据的区域进行俯视跟踪拍摄。还可以记录鸟类在一棵树上或一片森林里搭巢时彼此间的相对位置，虽然这有一定难度但却能提供有助于理解自然界中空间定居机制的重要数据。

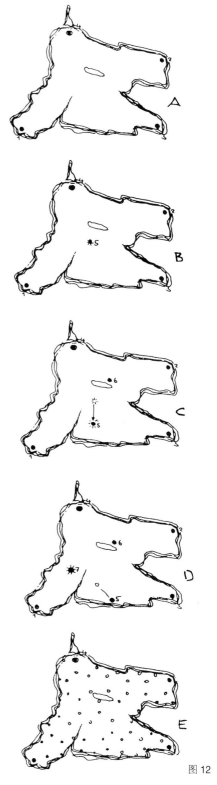

图 12

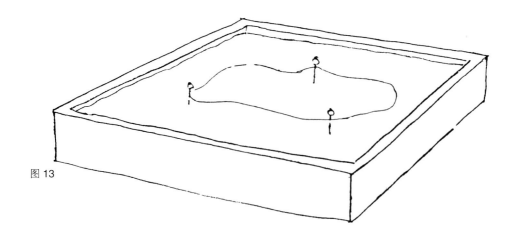

图 13

实验设备

下面这个仪器经过我们的改进后能够直接用于研究松散型的占据现象。其原理是让多根 N 极朝上的细磁针漂浮在水中（如图 13），磁针因受到彼此的排斥作用而互相远离，这就可以看作是一种松散型占据现象（如图 14）。

普通的缝衣针在接触过永久磁铁后就成了具有磁性的磁针，然后将作为浮漂的小塑料球串到磁针上。在水槽里的水面下方，可依次换用具有不同镂空形状的模板作为磁针占据不同形状区域的界定范围。当磁针在模板的镂空区域内分布到稳定态时就能得到预期的结果，此时形成的精确的几何式布局让人印象深刻。当每个磁针浮动到恰当的位置后它们就像被无形的线串着一样变得静止不动，即便受到外界的扰动后磁针也还是会恢复到稳定状态，并可以保持这种状态达数天之久。

记录这些实验结果的照片是用一种非常简单的设备采集的（如图 15）。在实验过程中最好将照相机的三脚架用黑布包裹起来，以避免它在水中形成的倒影对成像产生干扰。

如果要开展进一步的细致观测，或许最明智的办法就是运用轻型结构研究所（IL）研发的自动记录装置——"最短路径仪"。

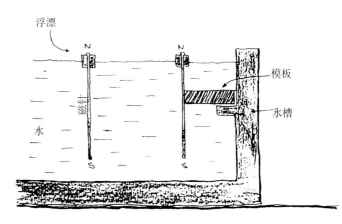

图 14

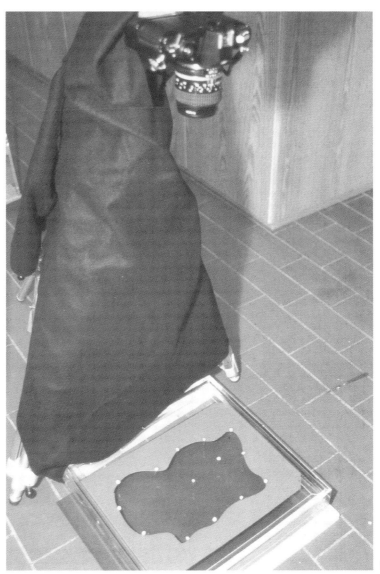

图 15

迄今为止，采用这种设备进行的实验还比较少见，尽管它正被逐步推广。实验中可以尝试用任何数量的磁针，甚至把近百个磁针同时放入容器中。另外，通过变化磁针的磁场强度可以改变它们彼此的间距，进而能相应地增大或减少磁针所占据的范围。在进行此项实验时，可以将两根或多根磁针穿到同一个浮漂上来达到变化磁场强度的目的（如图16）。

图 16

起初，通过这些简易装置进行的实验并没有获得确切的结论性成果。通过观察可以发现，每当增加磁针的数目时整个作用系统就会随之产生变化，只有当模板上存在明显的转角时磁针才会较为稳定地停留在这些转角处。

另外，随着磁针数量的增多，它们会排列组合成规则的三角形网格系统。当然，模板不规则的内边缘会对边界处的某些网格形状产生一定的干扰（如图17），但如果模板是规则的三角形或六边形时就不会受类似的影响，这时磁针就能分布成规则的三角形网格形状。

记录磁针移动变化的影像可以通过定时拍照的方法来获取，当增加或者减少一个或多个磁针时整个作用系统就会随之产生移动变化。

漂浮在三角形模板（如图18）和矩形模板（如图19）中的磁针都保持S极在水面上方，同时可以看到水面以下的磁针部分。

这项实验可以变化使用不同形状的模板和不同数量的磁针，同时还要保证每根磁针都具有大小相似的磁场强度：

三角形模板里漂浮的8根磁针（如图20），矩形模板里漂浮的14、17和19根磁针（如图21~图23）。

图 17

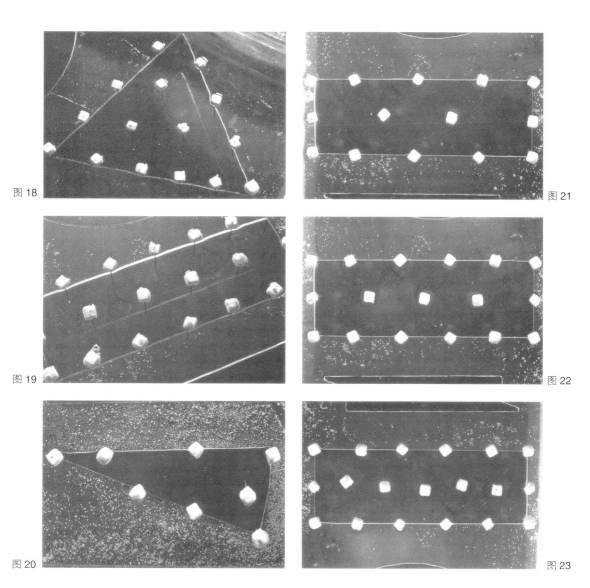

图 18

图 19

图 20

图 21

图 22

图 23

三角形模板里漂浮的4到20根不等的磁针(如图24~图35)。

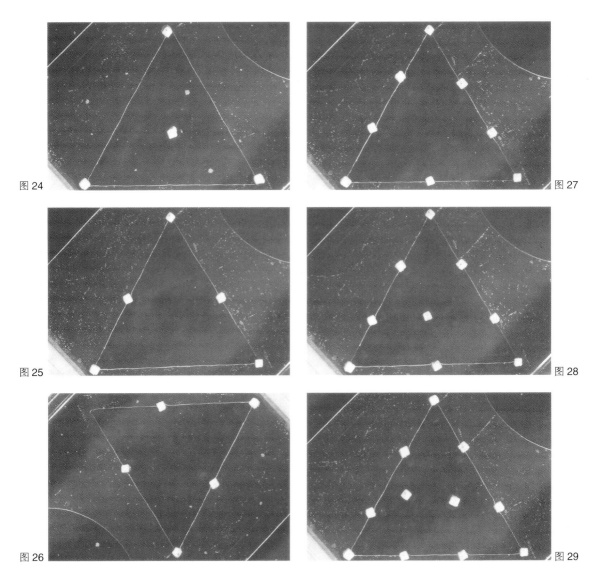

图24　图27
图25　图28
图26　图29

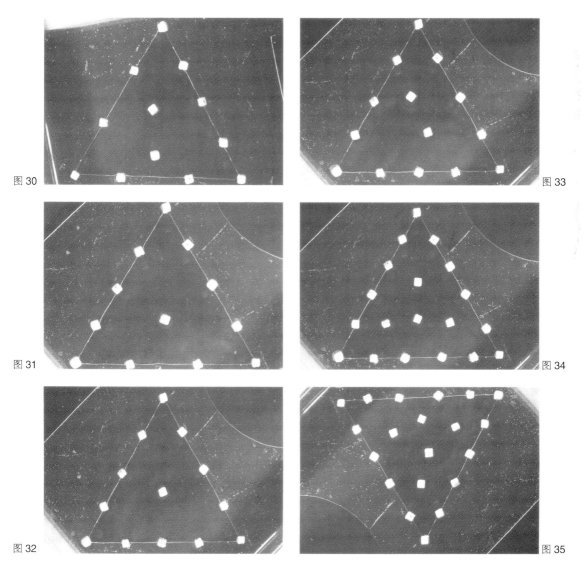

图 30　　　　　　　　　　　　　图 33

图 31　　　　　　　　　　　　　图 34

图 32　　　　　　　　　　　　　图 35

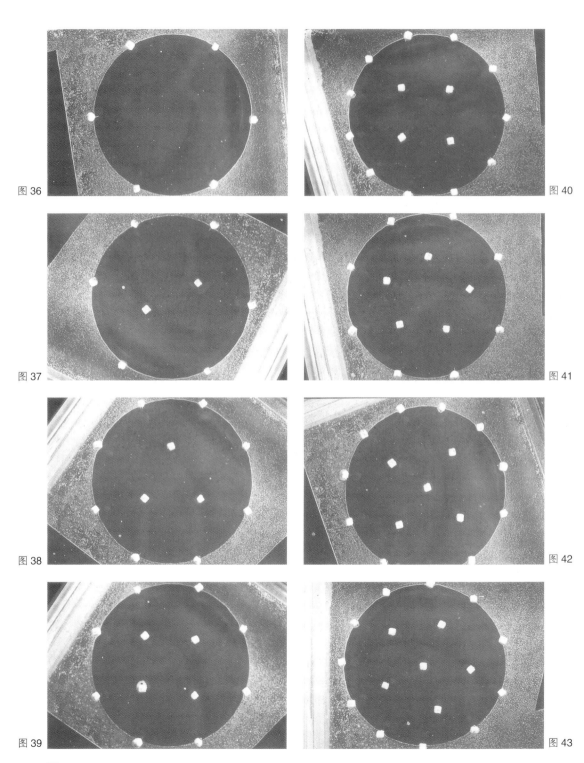

圆形模板里漂浮的6到20根不等的磁针（如图36~图43）。

方形模板里漂浮的5到20根不等的磁针（如图44~图49）。

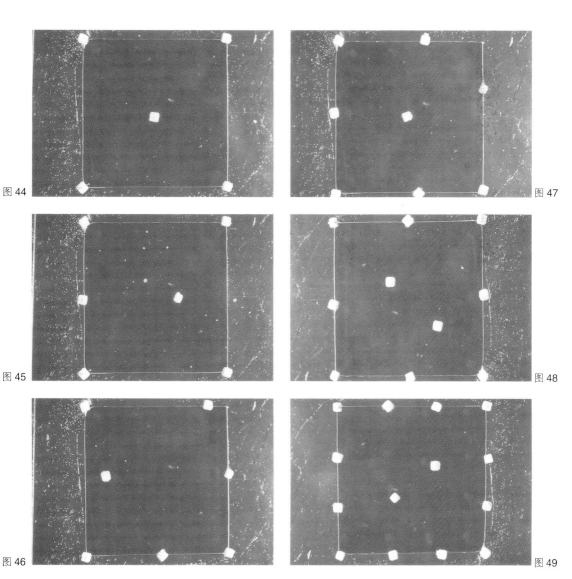

图44

图45

图46

图47

图48

图49

将大量磁针同时放入一个镂空的模板中，其中大部分磁针会排列成等边三角形的网格系统，并分别占据一个呈六边形的领地（如图50），领地的边界可以由相邻两个磁针间连线的中垂线连接而成（如图51）。

实验结果表明，在同一块模板中放置同样数量的磁针可以形成很多种不同的排列形式。发现这一现象的价值在于，可以通过计算机程序模拟一定数量的磁针在特定区域内呈松散型占据的过程。目前还没有研究出类似的程序，而且实验中也允许出现模棱两可的结果。

图50

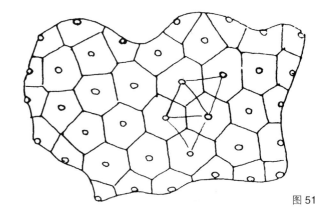

图51

领地

由等边三角形网格组成的领地呈正六边形（如图52，图53）。此外，在三角形网格中也可以形成等大的圆形领地（如图54）。

现实中往往存在规模很大的领地（如图55）。试想，将林场里的空地布置成三角形网格的形状可以使林地和耕地达到最佳配置效果。然而，这种理想化的状态还没有被用于实践。

三角形网格里的每一块领地都可能产生增长或消减（如图56），或者细分成由很多规模更小的领地组成的另一个三角形网格系统（如图57）。

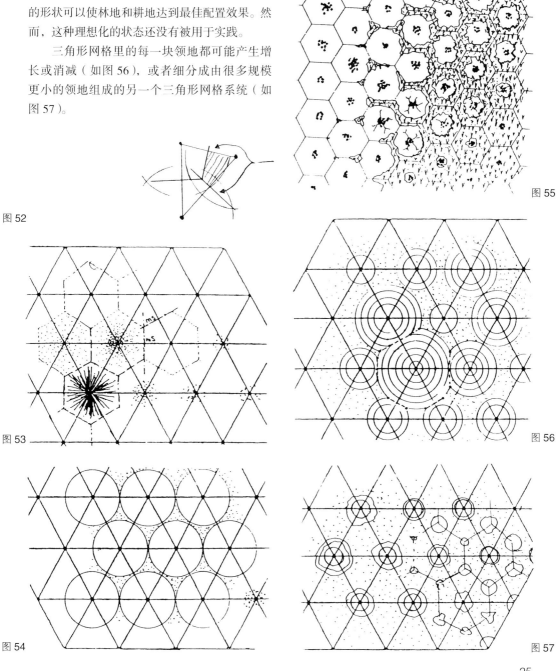

图52

图55

图53

图54

图56

图57

用圆形磁碟所做的实验是一种简单确定合理领地的方法，这一过程也可以在电脑上进行模拟（如图58）。

占据表面时，圆形领地之间形成的空隙部分可以被更小规模的圆形领地占据（如图59，图60）。

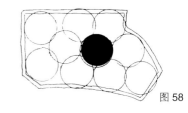

图58

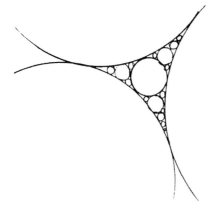

图59

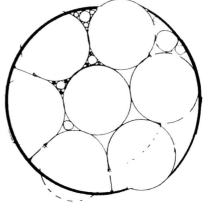

图60

自发形成的三角形网格中的复合型领地

领地的范围是变化多样的。从橡皮管上切下来的圆环限定在某个范围以内，用以模仿不同形状的领地（如图61~图63）。

橡胶环是否以圆形占据取决于它们的尺寸（如图64）。

然而，橡胶环和磁碟的领地边缘之间形成的区域处于空白状态，这在某些情况下可以成为一种有利条件。如果这些空隙无法被占据，那么用肥皂泡的方法就能很好的予以证明，下面将进行详细阐述（如图65）。

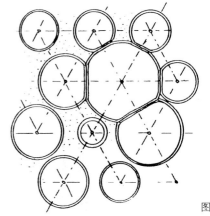

图63

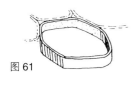

图61

图62

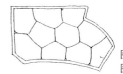

图64
图65

肥皂泡

实验装置采用的是轻型结构研究所的最短路径仪（如图66）。它包含一块水平悬浮于水槽水面上方正中央的玻璃板，用作测试的框架悬挂在玻璃板的下方，并让框架的下边缘浸泡在水中（如图67）。然后往框架和水面间的缝隙内吹入肥皂泡并将其填满（如图68）。比如，用这个方法可以将蜻蜓翅膀上的网状结构（如图69）与肥皂泡占据后呈现的形态（如图70）作对比。所有肥皂泡与框架接触的面都呈直角。它们中的绝大部分都是连续的，并在转角的位置出现少量略微变形的肥皂泡。

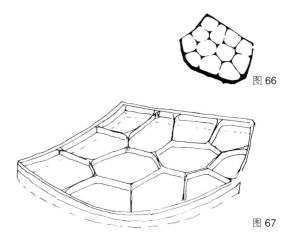

图66

图67

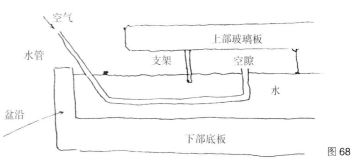

图68

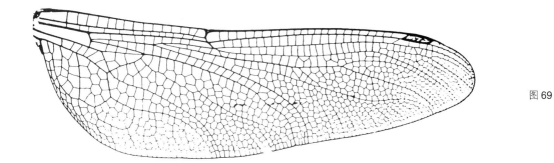

图69

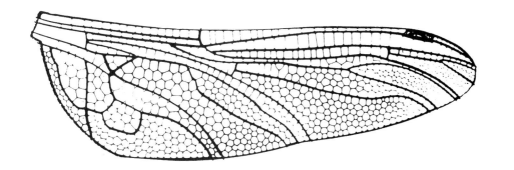

图70

绝大多数的单元都呈六边形，但同时也存在四边形和五边形的例子。

六边形的框架里形成了很多同样大小的领地，中间的单元呈六边形，边缘的单元呈五边形，并在框架的转角处出现少量略微变形的单元（如图71~图73）。

向不同形状的框架里吹的肥皂泡虽然大小一样但事先并未作过特殊处理。比如，在方形或圆形框架中的肥皂泡经过自我调节过程后具有同样的横断面，这一现象尤其对包装业有很大的帮助。在此之前人们只知道在中心位置存在着一个六边形的晶格（如图74）。

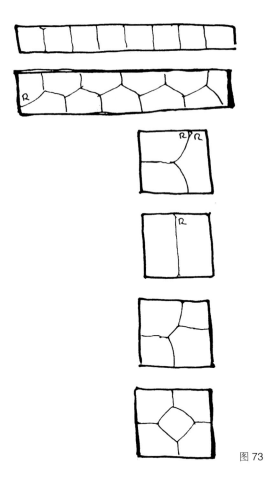

图73

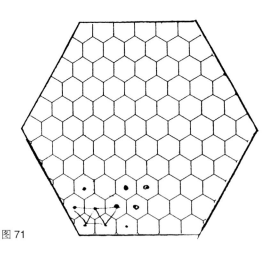

图71

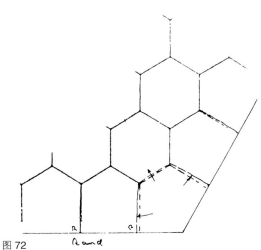

图72

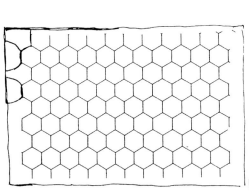

图74

形状和网格

得益于之前进行的有关磁针和肥皂泡的科学实验,使我们了解到在大面积的表面上,领地会呈六边形的样式(如图75.1)。占据的点连接起来后形成三角形网格式结构,具有简单形式的方形网格(如图75.2)几乎都是人为形成的,它所形成的领地也同样是方形的。

六边形也是常见的形状,它们的领地呈三角形(如图75.3)。随着点的移动形成了三角形网格并随之建立起了六边形网格系统。在图75.4中,显示出同样大小的几种不同领地。

三角形网格所具有的广泛用途决定了六边形网格的优势所在,它可以进行任意的扩展或拆分(如图76)。

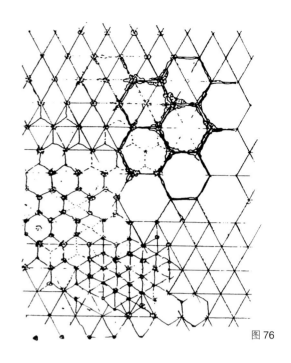

图76

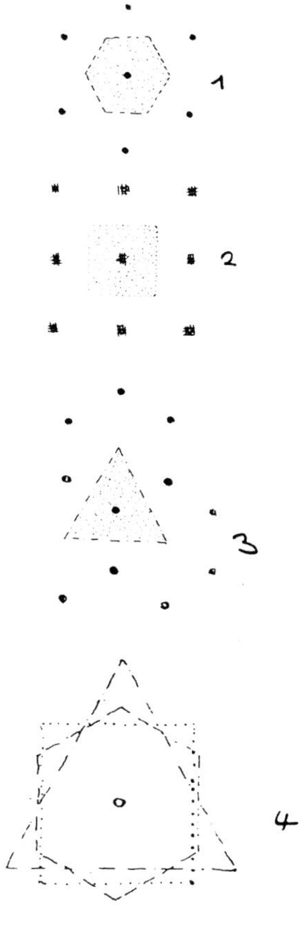

自然模型

当涂刷的油漆由于干燥而引起收缩时,没有产生裂纹的区域可以看做是"领地",这些"领地"中的绝大多数都呈六边形,表面上的关键点组成了一个清晰的三角形网格。通常情况下,人们在不同时期可以看到越来越多的五边形表面(如图77)。

图75

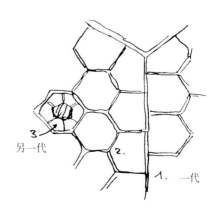

图77

方形和矩形网格

方形和矩形网格式的占据在工业技术、城市发展和建筑工程等领域中较为常见，这有其内在的原因。这种占据形式在小物体上具有明显的优势。板条箱和包装盒可以装入呈立方体或长方体的货舱中，或是由纸、硬纸板、金属板或胶合板制成的长方体货物中。

不同的物品可以装入其中。板条箱在运输过程中相对比较牢固，并且可以在运输机械的装载面上排列得没有或仅有很小的空隙（如图78）。

当管状、柱状和球状的物体在达到最小体积的情况下依然无法装入三角形网格式的容器中时，就会采用更大的长方体容器进行运输。这时需要插入隔断来保证运输的货物彼此紧凑进而避免随意滑动。

建筑物中也存在同样的情况。由于建筑具有边缘，较小的房间成为房间隔断的一部分。长方体式的建筑通常需要长方体式的房间。举例来说，具有超过20个工作间的大型办公室或工厂车间四面都有光线时，瞬间就会产生受空间大小和朝向吸引的占据。就更大尺度的"领地"而言，紧凑密集型的占据模式或许更经济，并且可以考虑从一开始就进行规划。

正方形和矩形网格在建筑领域的实践中占据着主导地位。为了满足精准度要求，更多的地方采用了直角，尽管可以轻易地证明住房、出租房、仓库或工厂不一定非要按立方体的形状建设不可。直角结构的优势主要在于可以方便地进行规划，并使一系列线性的和直角的产品与其相配套，方便运输和设备安装。然而，当房屋的跨度超过20米时前面所提到的矩形优势将不复存在。在这种情况下，轻型结构以其经济实用性并能围合任意平面形式的建筑物而形成理想的内部空间。它适用于内部功能不需要直角空间形式的大型厂房、体育场馆以及各类展厅等建筑物。为满足高度自动化的仓储设备所需要的空间时，就经常建造巨大的立方体建筑物。

下面要讲的规模最大的单元是由道路划分成的方形或矩形"街区"，这在世界各地都能看到。

房屋最初是围绕着中心空地进行建设（如图79），然后引入支路（如图80），直到这一区域达到最大的建筑密度。沿道路两侧的占据从本文第二部分94页起将作详细阐述。

集中开发区域中形成的大多数垂直空间通过竖向的楼梯可以使上部空间得以利用。建筑中用到的对角拉杆结构一般处于比较隐秘的地方。世界各地的高层建筑不论位于哪个国家、文化和气候带中都有不断沿垂直方向和水平方向延伸的趋势。

堆叠在一起的网格结构适用于由任何材料建造的建筑物中，例如钢筋混凝土（如图81）。然而，到目前为止三维空间的潜力还没有被充分利用。这项持续了五千年的工作仍然在进行着，或者更确切地说是重获新生。

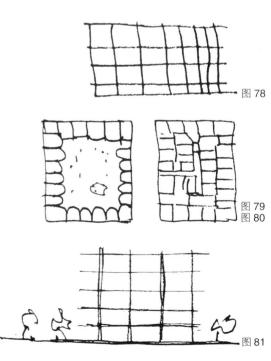

图78

图79
图80

图81

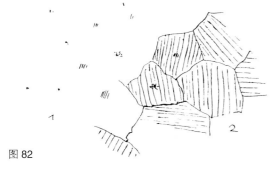

图 82

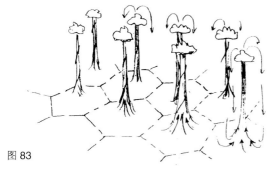

图 83

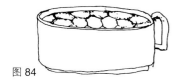

图 84

晶体状表面

镀锌铁板上的锌晶体让人颇感兴趣。当铁板从锌熔液中取出后在很短的时间内就会发生结晶。晶体起初呈明显的点状（如图 82.1），随后不断地扩展直到与相邻的晶体接触（如图 82.2）。唯一例外的是受晶体格结构影响而形成的直线式领地边界。同样，这里绝大多数被占据的领地都呈六边形。而冷却的方法对领地的结构有着重要影响。

热柱

以下两个日常现象都是松散型占据的实例：冷空气受到强烈的阳光照射后升温形成的上升气流（如图 83），倒入咖啡里的低温牛奶起初会沿着杯子底部扩散，然后集中呈塔式上升，而咖啡则下沉形成六边形晶格状（如图 84）。

从理论上讲，在平坦的地面上形成的热柱会组成三角形网格，通过观察由热柱频繁引起的积云能够确定热柱的位置。此外，有些习惯滑翔的鸟类（如秃鹰）经常会绕着热柱的中心盘旋。在这种情况下，鸟类与热柱或其影响范围有着相似的领地。热柱深受滑翔机飞行员们的喜爱。热柱并非总是形成肉眼可见的积云，而经验丰富的滑翔机飞行员能高速穿过相距很远的两个热柱之间的下沉气流而得以在热柱之间滑翔。是经验让他们具有了即便在没有积云的情况下依然能找到下一个热柱的"感觉"。了解了热柱的模式就如同找到了病症的起因，例如旱田、工厂、村庄和大面积的水面等有助于确定热柱的大体方位，而其具体位置可以通过气压测量仪（垂直速度指示器）来确定。咖啡壶里的咖啡在沸腾之前的运动过程与上述的自然现象非常相似，会形成类似于贝纳尔细胞的结构模式。

直到发生松散型占据时它们就会变得大小相仿，这一现象可以通过实验来准确地模拟。其他形式比如纺纱，不但具有可操作性还具有可见性。

以上这些及其类似的结构在赫尔曼·哈肯（Hermann Haken）和沃尔夫冈·魏德利希（Wolfgang Weidlich）领导的协同论工作组所开展的"自然结构"专项研究中有过详细阐述。

随机型占据

对于某些占据而言，占据点或领地中心的位置并不取决于相互间的排斥或吸引，而是在与占据本身毫不相干的因素作用下随机产生的。例如肥沃土壤地区能够让种子生根发芽；再例如水源地能够吸引人类定居、动物迁徙和植物生长。

下面举一个能将这一过程形象化的例子。植物开始扩张的时候，它们的种子落到了五个点上（如图85），被占据的区域迅速扩展到彼此相接（如图86），直到有效表面被完全填满（如图87）。如果植物并没有阻止这种扩张，例如它们之间缺乏边界，那么就如同地表上长出的树冠一样会扩大占据的区域（如图88）。

轻量化结构研究所针对领地扩张进行的一系列研究并不仅仅是停留在纸面上的几何图形，而且还运用了名为沙漏仪的仪器。这一实验仪器可以有多种用途，当然也包括快速确定日益扩张的领地。

在一个扁平的玻璃箱中装满干燥的沙子（如图89），箱子底部都有一排预先钻好的小孔。当沙子从小孔里流出后，箱子中会留下火山口形的沙堆（如图89，细部如图90）并在下方的箱子中形成与上方锥形互补的沙堆。不论箱底的小孔是有规律的排列，还是无规律的或不规则的排列，最终的结果都是如此。

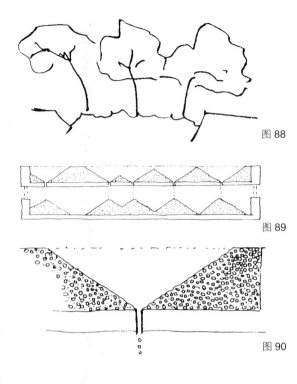

图88

图89

图90

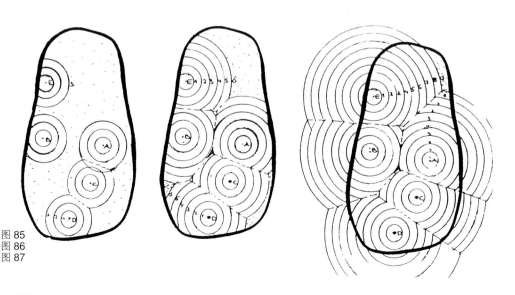

图85
图86
图87

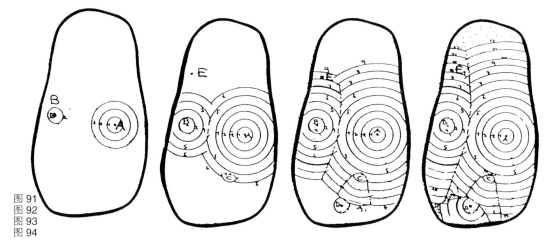

图 91
图 92
图 93
图 94

我们可以将这一实验扩大到种子的生长过程。另外，如果这些种子具有相同的扩张速度，而开始生长的先后顺序却不同时就会形成另一种形式的领地。假设种子 A 最先占据了它的领地（如图 91），3 年后是 B（如图 92），C 在 6 年后出现，而 D 在 10 年后才加入进来（如图 93）。这就意味着以后落到 E 点的种子将没有机会生长（如图 94），因为它生长所需的空间早已被 B 所占据。然而，种子 C 也受到类似的影响，8 年后 C 的领地将被 A 和 D 的领地所包围。最终，这一系统中的 5 颗种子只有 3 颗能继续存活下来（如图 95）。

图 91~图 95 所示的依次占据过程同样可以用沙漏仪（或沙箱）进行模拟（如图 96，图 97），通过小软管插入每个孔洞的不同长度来控制时间差（如图 97），软管越长那么与其对应的占据就开始的越晚。

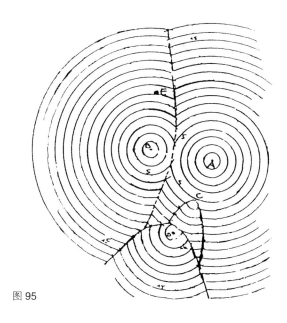

图 95

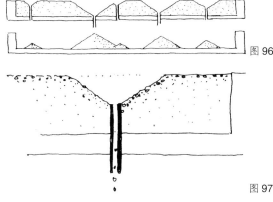

图 96

图 97

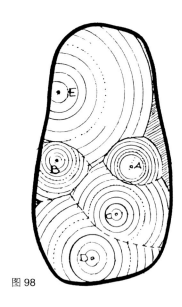

图 98

然而，下面这个例子中发生在 A 至 E 点的扩张占据过程是以不同速度进行的（如图98），这导致了完全不同的领地格局。扩张的速度可以通过改变孔洞或软管的直径来调节，当所有的孔洞在同一时间开启，E 点凭借其最快的扩展速度很快就领先于其他各点。而且，如果没有边界限制的话它最终将包围其他所有点的领地。这种形式的领地扩张无法用沙漏仪进行模拟，但可以通过图表和计算获取相关数据。另外，虽然这种领地的形状具有一定代表性，但领地间的边界却不再是直线的，而是呈弧形。准确地讲，它们绕过了扩张缓慢的点。

对由外力引起的松散型占据和随机型占据所进行的研究可以为我们提供丰富的参考数据。在此背景下，收缩的过程和扩张的过程将同等重要。

获取某项基本原理的背后可能要进行数以百计的计算和实验。即便是完全随机的占据，都需要运用到扩张、收缩以及任意速度等因素，这样才能获得具有普遍意义的领地形态。例如，六边形领地和三边相交的领地边界所具有的优势。

完全有必要通过田野调查将这些实验与植物生长或动物和人类的定居点做以比较。可以通过构建相邻村庄连线的中垂线来进行领地规模的研究（如图99）。当这一步完成以后，我们就可以着手研究定居或成长的时间及其扩张的速度，这些都可以通过计算得出。

在生物界里有无数种其他形式的占据，例如头发、绒毛、刺、鳞片、飞沫、斑点以及皱纹等。而在非生物界中发生的占据涵盖面很广，不仅包括像黏土和玄武岩上的裂纹与碎片，还会出现在颗粒层面的表面上，如冷凝水、尘埃以及沙粒等。

这当然也包括结晶薄面的扩张，以及大陆板块之间的裂缝。非生物界的所有的占据过程几乎都在技术界中得到了应用，例如液体或粉末涂层、纤维制棉绒、制造纸张以及喷刷油漆等。

在农业和林业中选择的占据形式（手工播种、机械播种、行列式种植等）主要是考虑到对产量的影响。然而只有更好地理解各种情况下的占据机制才能达到最优化的效果。到目前为止，还没有迹象显示怎样才能促进随机型占据，比如手工播种会降低作物的产量。现在规则的种植方式至少有利于机械耕作或多或少受其影响，这就像林场的栽种一样可能仅仅是一种传统。在技术界中往往用各种物体对表面进行规划型占据，例如在路面上铺设石板或鹅卵石；建筑幕墙上干挂石材或安装玻璃等，而且这些都是以正方形或矩形的结构为主。

类似于种植林木的过程也存在于居民点的发展过程之中。

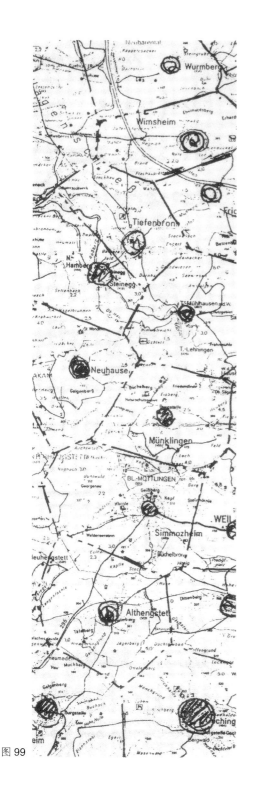

图99

以居住区为例

1957 年，我们结合一座新工厂的居住区规划为他们设计了拥有独户住房的长方体式建筑，可以由居民根据住户的增加或减少而自行进行建设。首先，确定了可能的领地及其中心（如图 100.T1），还有建筑基底（黑色圆圈所示）所需要的场地（如图 100.T2）和绿化区域，同时场地 7 和场地 13 预留做闲置用地。

最初的开发形态如图 100.T3 所示。10 年后，计算出了项目所占的土地面积及相关的居住空间（如图 100.T4）。15 年后，场地 7 和场地 13 依然保持原状，而图 100.T7 显示出场地密度达到了最大值。25 年后，考虑到居民户数的减少随之腾出了场地 9 并缩小了个别建筑的面积。

这些领地的界线基本上消除了其主观能动性，甚至不需要用栅栏或其他材料进行标识，这种适合布置独户家庭住宅的社区类型具有良好的生态与节能效果。尤其适用于像属于地方自治区这样的公有土地实实在在地被居民所用的情况，人们能为所在社区的协调发展、垃圾处理和基础设施完善等做出自己的贡献。居民占据的区域当人均建筑面积越大时他们所作出的贡献比例也就越大。

1959 年这一规划首次出版在柏林的《Mitteilungen der Entwicklungsstätte für den Leichtbau》第 6 期上。

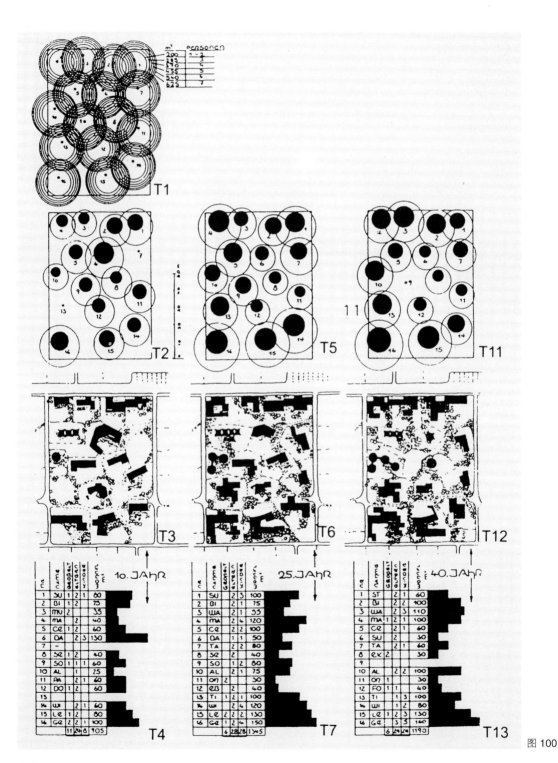

图 100

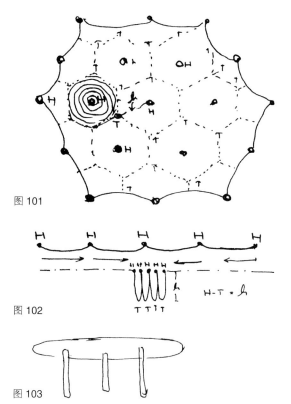

图 101

图 102

图 103

举例：可折叠敞篷

在大型可折叠帐篷屋顶的发展过程中我一直在关注利用技术占据表面的现象（后来在 IL 进行研究）。它们悬挂在一些点上并尽可能地向外伸展。然而，当需要移动时则尽可能地让其收缩（如图 104），就中央大型可折叠帐篷屋顶来说，计算悬挂点的分布位置是至关重要的。有关的理论研究、实验数据和实践过程的详细内容都已在屋顶顶篷可移动研究（Wandelbare Dächer–Convertible Roofs of the Institut für leichte Flächentragwerke）中出版。上文中所提到的沙箱实验也被用于此项研究。

当在一个三角形网格中间隔最大地布置悬挂点时，就能达到最优化的表面和最少的折叠点。下垂的距离 h 是由顶点 H 和领地范围 T 之间的距离所决定的（如图 101，图 102）。

在确定制成点的最佳扭转荷载时也面临着同样的问题。首先，可以找到一种最小的"Tra"(例如用沙子）。这与松散型占据是一样的或有一定关系的（如图 103）。

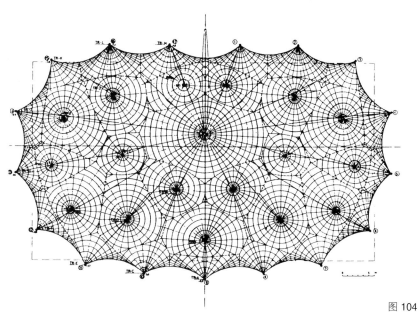

图 104

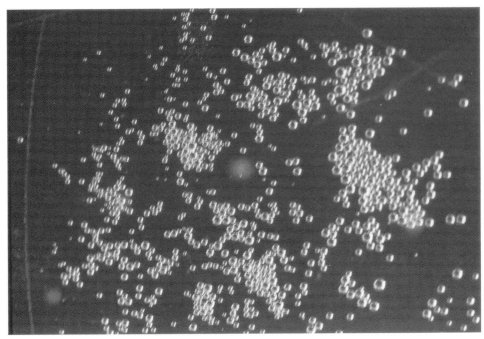

图 105

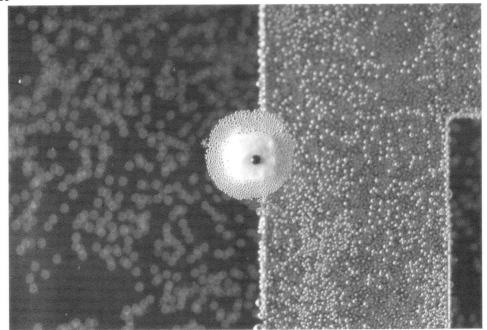

图 106

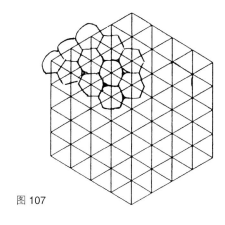

图 107

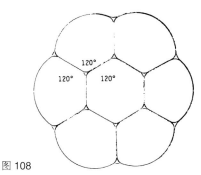

图 108

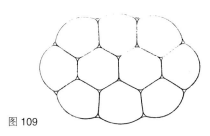

图 109

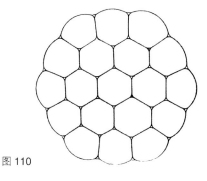

图 110

紧凑型占据

现实中存在大量向领地中心聚集的占据形式。不同领地的中心彼此靠近，物体之间形成紧凑的结构，正如石块砌成一体，以及人类个体间达到可触范围甚至发生有形接触。

松散型占据状态经常会演变成旷日持久或刻不容缓的聚集形式，这一点从前文折叠敞篷的例子中就能看出（如图101，图102）。

气泡实验

当许多气泡随机分布在水面上，它们聚集到一起汇成一片，直到被搅动时才会散开（如图105，图106）。

如果气泡都是同样的大小，当从顶部往下看时它们会呈六边形。因此，极小的领地共同沿袭着这一松散型占据模式，而领地中心则自发地排列成等边三角形网格形状（如图107）。

即使气泡的大小不同，但仍然保持着类似六边形网格的（非等边）三角形结构占主导地位，因此，紧凑型占据和松散型占据的区别只有一点：紧凑型占据可以实现密度的最大化。

集中的过程可以通过 IL 的最短路径仪进行有效的实验（如图108-图110；见《IL 1：最小网络》，斯图加特，1969 年）。

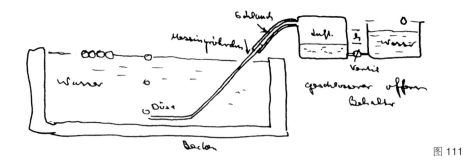

图 111

若想造出直径超过 1 厘米且大小相同的气泡,最好的办法是使用皮下注射器。要形成一片直径介于 0.5 至 5 毫米的小气泡时,我们将连有恒定气压的喷嘴连接到小铜管上(如图 111)。

紧凑型占据可以轻易地通过漂浮在水面上的肥皂泡(如图 112)或水面与玻璃板之间充气后形成的气泡(如图 115)模仿出来。相邻的气泡彼此间相互靠拢或聚集到容器的边缘位置(如图 112~图 115)。

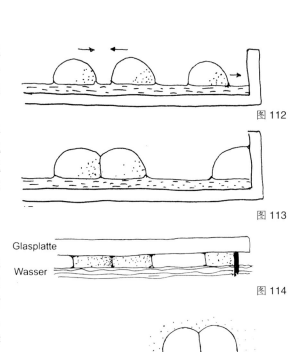

图 112

图 113

图 114

图 115

紧凑型占据实例

我们可以举出很多紧凑型占据的实例。比如,海鸥或燕鸥在地面上筑巢的模式,以及人们聚集在电脑前的状态。很多寻求保护的人们对有限空间的占据形成了紧凑型占据的典型结构。群居动物在捕食者面前往往彼此靠拢以减小群体的外围长度,越是靠近外围的个体被捕食的危险性就越大,因此从顶部看上去种群会呈类似圆形,即使在它们迁移或穿越障碍物的过程中依然保持着这一形状(如图 116)。

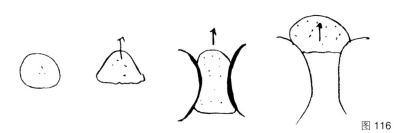

图 116

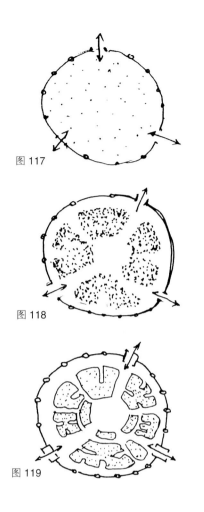

图 117

图 118

图 119

城堡，镇，城市

人类用双手和简单的武器来保卫自己。在遭遇袭击的时候，通常会集中在一个圆形的地势中并使用武器来抵御攻击。圆形的城堡和带有栅栏或城墙的城市作为一种居住形式，虽然现在已成为废墟但至少有 8000 多年的历史。这种封闭型城市的规模取决于居住人口的数量和可以战斗的勇士数量。每一个市民都是一个最小空间，也就是说一般是按照人口规模来决定城堡大小。除了难民，当其他诸如：储备（水塔和仓库）、帐篷、杂物间和房屋等物品需要安置的时候会适当增加城堡的规模。随着人口的增加，越来越多的人寻求保护，于是城堡不断扩大并开始修建城墙。随着生活的富裕，市民对空间的需求不断增加，而防御要求却逐渐下降。在内部密度相等的情况下，大城市比小城市更易防守，所以通常认为只有大城市是牢不可破的，外围的城墙就是一个显著的标志。但前提是没有一种长射炮能够打穿城墙（如图 117）。

城堡城市的居民尝试通过远距离射程武器和修建大量堡垒来保卫自己（例如，按照星辰的位置修建堡垒并在其四周布满枪支和大炮），同时也正是这些武器终结了这种城市形态。城墙和堡垒要求在单位面积内形成高密度聚集，但这样的话这些城市就不能抵挡连续开炮的攻击并很容易被攻破。

早在 18 世纪，壁垒和城墙时代就结束了，这个时代的终结迎合了大众的需求。于是城市开始不断向外扩张，封闭型城市逐渐走向衰败。唯一例外的是"奢华城镇"和它们豪华的大房屋。封闭型城市对于研究城墙型城市具有一定的意义。但却未能为现代城市的发展提供一个具有参考价值的模型。

如图 118 所示，出于防御原因，在城市周边建有高密度防御带，但经济和政治中心仍在城市内部。

在图 119 中，图示区域是最早发生长期占据的地区，该区域的房屋、车间、仓库都是受限制的。城市变得过于拥堵于是开始不断向外扩张，环路一条连着一条（如图 120）。与此同时防御工事也变得越来越现代化（如图 121）。

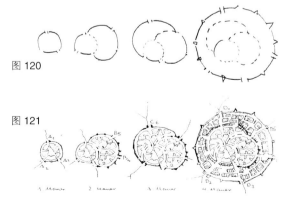

图 120

图 121

实例包括四周都有城墙包围的讷德林根（Nördlligen）（如图123）和卡尔卡松（Carcassonne）（如图122）。

美国没有典型的城堡城市，只有新阿姆斯特丹（如图124）有一段城墙和一个堡垒。此外，中世纪封闭型城市在北美也没有出现过。

巴黎共有五道防御性城墙（如图125）。最外圈的城墙（E）主要是出于对拿破仑的尊崇以及政治方面的原因，至于防守方面的作用已经微乎其微了。

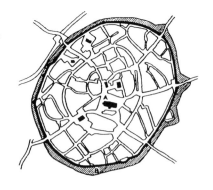

图123

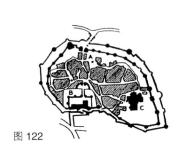

图122

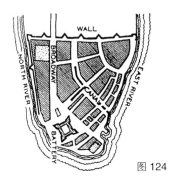

图124

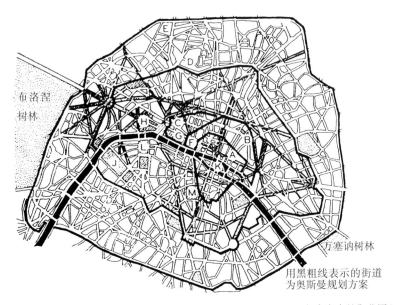

A墙：菲利普·奥古斯特于12世纪修建的城墙
B墙：查理五世于14世纪修建的城墙
C墙：路易十三于17世纪修建的城墙
D墙：路易十五于18世纪修建的城墙
E墙：拿破仑三世于19世纪修建的城墙
F墙：卢浮宫
G墙：御花园（凡尔赛宫中的御花园）
H墙：香榭丽舍大街
J墙：火星酒店
K墙：西堤岛
L墙：荣军院
M墙：卢森堡

图125

方格网城市

几百年来几乎没有例外，城市都是政治家和军事统治者规划的，尤其是那些独裁专政者。无论是强有力的民主者还是专政的政客们都喜欢用方格状路网来规划城市。这样的做法很容易理解，因为方格网格局比那些自然形成的封闭式格局更易监督城市内的情况。那种封闭式格局往往是一个自我形成的过程，常常需要持续几个世纪的发展才能形成。普林（Priene）（如图126）和米利都（Miletus）（如图128）就是典型的方格网格局城市。罗马的宿营地提姆加德（Timgad）就是典型的出于军事目的而规划的城市（如图127）。

城市的总经济水平和生物多样性可以通过增长率、商业以及平均交通时间来衡量。但目前为止，没有任何证据表明网格状城市比那些通过更新内部的道路和结构来优化自身的城市更具经济性和生态性（如图126~图128）。

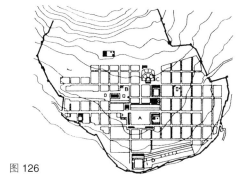

图126

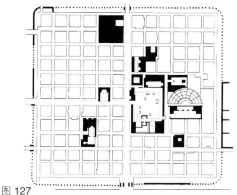

图127

米利都

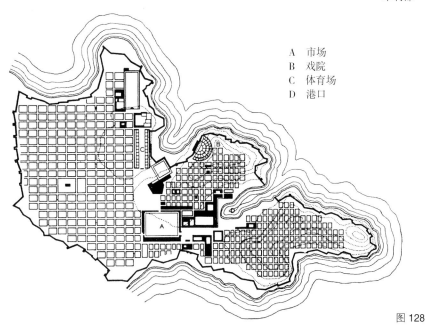

A 市场
B 戏院
C 体育场
D 港口

图128

紧凑型与松散型同时占据

实验

如图 129 和图 130 所示，将肥皂泡沫置于装有水的容器边缘，当把铅笔或浮动的磁针放入水中时，这些泡沫开始移动并最终呈松散型占据形式。

如图 131 所示，第一次尝试用磁针使小肥皂泡保持一定距离，但失败了。

如图 132 所示，肥皂泡迅速向最近的磁针靠拢，然后它们推开磁针彼此紧靠在一起并向边缘移动（如图 133），最后与磁针靠在了一起（如图 134）。只要有吸引力存在，这种现象就必然会发生。在这个试验中磁针使泡沫的吸引力大于排斥力。

如图 135、图 136 所示，如果将聚苯乙烯泡沫塑料碎片放在水面上，那么这个试验效果就更加明显。碎片刚放入水面它们便立即向磁针漂浮靠拢并在其周围聚集。磁针的位置保持不变，结果仍然是松散型占据。

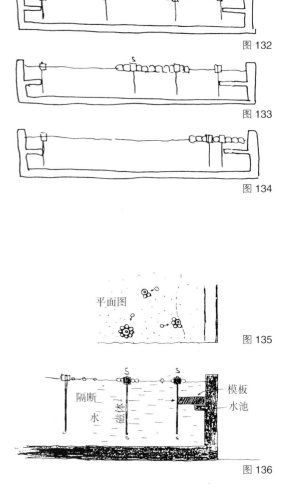

图 132

图 133

图 134

图 135

图 136

图 129

图 130

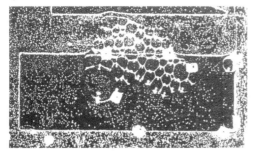

图 131

紧凑型占据的图片试验法

如图137所示,19个磁针均匀分布在水面上,水里散满碎片,碎片向磁针靠拢(如图138)聚集。最后,其呈现的形状类似于有机发展的殖民地的轮廓线(如图139~图143)。

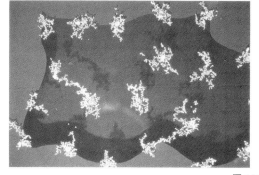

图 140

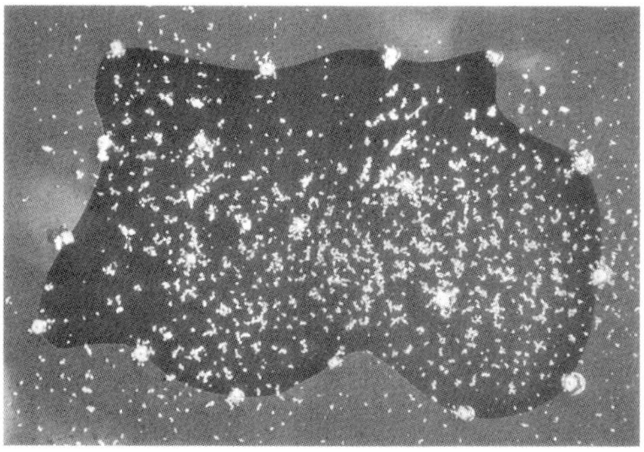

图 137

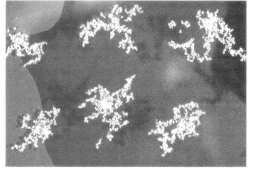

图 141

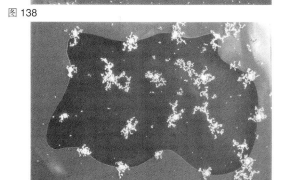

图 138

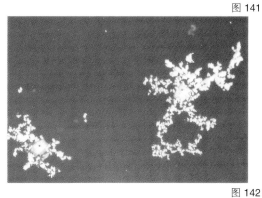

图 142

图 143

图 139

上述试验过程还可用直径小于0.15毫米的小泡沫进行，它们形成的表面接近于圆形（详见插图"泡沫试验"）。这些小泡沫没有足够的动力离开自己的位置移向磁针并彼此靠拢，但如果放大泡沫的直径，在M点增加其数量，那么靠近T点的磁针会突然聚拢这些泡沫，并形成一个高密度的占据区域（如图144）。

线场

我们还用其他方法进行了试验。比如用磁针（简单弱磁化了的钢针）和放在纸板上的铁屑形成线场。

这种线场类似于前面用聚苯乙烯碎片形成的图形，不同的是前者没有磁性（如图145～图148）。

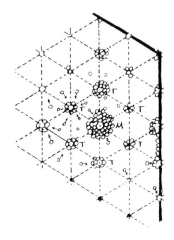

图 144

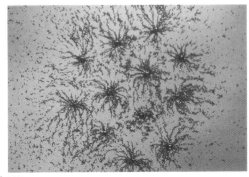

图 145

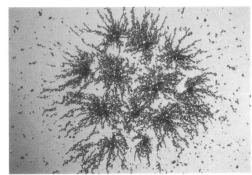

图 147

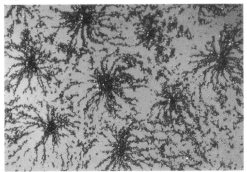

图 146

图 148

功能表面的线性占据

许多放牧的动物都有自己系统的营养级。处于营养级中较高级的吃掉低级的（如蛆虫、毛毛虫、蜗牛等）就是其标志之一。

人类一般都是按照直线来种植的，特别是发明并普及犁和镰刀以后。几乎所有为农田、葡萄园和林地栽培、种植、播种和收割的耕作机械设备都采用直线形式（如图149）。

虽然很少是绝对的直线，但线性占据允许有距离的扩展。例如树冠或叶绿素，在紧凑型占据的情况下，就是高密度占据。占据的模式是网格状等边三角形（如图150，图151）。

许多块石路面也采用直线铺设方法。这种方法特别适合表面不平坦的地形，可以是随机铺设也可以夹带一些有粗纹的方石，其造价都极为便宜（如图152）。

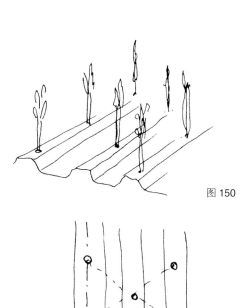

图150

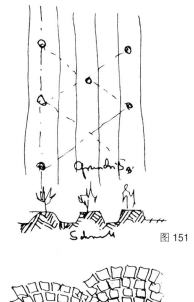

图151

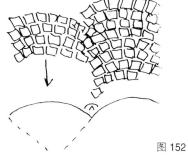

图152

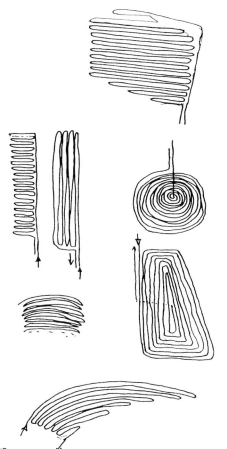

图149

对当今城市的思考

试验表明可以同时成功模拟松散型和紧凑型占据。在所有居民点和市镇建设过程中，两者都是同时发生的。

许多现代化的大都市，也可以说是所有大城市正在不断占据村庄和小城镇，通常包括封闭型城市和偏远市镇。村庄和地域性城市是松散型占据机制的典型实例。大城市的聚集过程则是典型的紧凑型占据。

随着城市和居民点的发展，土地通过各种方式（狩猎、采集水果、耕作和伐木）来达到松散型占据。游牧民族需要抵御动物的侵袭、防止被盗及武装侵略，因此他们在自己的定居地使城市尽可能地缩小。同样的道理，在工业化大潮中，拥有大量劳动力的工厂却刺激了高密度占据。

铁路时代的到来使大城市成为可能，同时也给其所有停靠的地方带来新的紧凑型占据。由于能力有限，铁路通过河谷和草甸的时候，新的附带居民点往往会损坏当地的农业、破坏当地重要草甸的生态系统。汽车的普及减少了人们向大城市的聚集，人们开始在具有吸引力但人烟稀少的地区居住。高速公路的大量修建缩短了区域之间的通行时间。如果考虑平均交通时间，那么高速路无疑有效地促进了广袤的高人口密度土地向经济型城市转移。例如从西欧城市巴塞尔到利物浦、美国东部城市亚特兰大到加拿大蒙特利尔、美国西部城市圣地亚哥到加拿大温哥华以及日本的本州岛。

新式快速列车和铁路运输系统在大城市的停靠站促进了新的集聚。例如扩大和增加了当地城市的交通网密度。大型机场也具有这种集聚效应，与此相反，小型机场则具有分散效应。电车和那些低耗能的交通工具鼓励松散型占据。退耕还林保护农田，禁止道路占用草地和园林，这些措施更具经济性和生态效益。发达的生产力和短缺的劳动力鼓励分散，例如在家里或附近办公的自由职业者、手工业者和店员可以通过中央办公室的电子网络连接。

聚集和分散作为一个整体，如同一枚硬币的两面。居民点的轮廓线、村庄、小城镇、城市和大城市是一个不断发展的过程，即使人口保持不变。目前，在发达的工业化国家城市扩张仍在继续，尽管他们的人口数量趋于稳定，但生活和工作的需求却在不断增长，这也是衰败过程的开始。

第二部分
连接的过程

在本书的第一部分中列举了晶体、动物和人如何占用线、面和空间。

特别有趣的是占据的过程，在这个过程中占据者或者保持尽可能大的距离，或者移动聚集在一起。从自然观察和实验模拟都表明，在理想状态下构成的形状和占据具有相同的结构，这些占据点都位于一个等边三角形上，由他们围合成的区域则构成一个六边形。

然而，这种精确的几何式构图在自然界中是很少见的，这对占据区域的边缘有着重要的影响。

防止更严谨的职业检查机制所导致的无法预测的巧合是非常必要的。

问题之一就是如何更好地认知占据过程的原理，特别是如何更加合理地阐释导致这一过程的原因。

连接

被占据的点、线、面和空间在许多方面都产生关联，特别是占据同一个空间的生物体，他们希望可以彼此交流，甚至只有相互沟通才能生存下去。

用于交通的道路连接着占据的区域，这里不论是道路还是区域都未必是实体的，因为人们根本无法察觉或者仅露出一些痕迹。

动物与人类的迁徙，无论是群体性的还是个别行为，都很少能保留下其运动的轨迹，虽然也有个别的例外，但绝大部分都随着时间而逐步消失了。即使没有恒久不变的目的地，迁徙的道路还是被沿袭下来并反复使用。最初使用这些道路是因为对迁徙者来说它们简单明了，通常是一些易于识别的线型，如河流、海岸和山脉，或是一些曲线型的标识物，如湖泊和高山。

经过反复使用，道路形成自己特有的轨迹。其中，道路系统往往是被占据的，特别是道路的交叉处或是十字路口。因此，道路不仅连接移动的或固定的区域，同时还形成一个网络，这种网络的形成很大程度上促进了占据的产生：道路连接了已经存在的占据点，而这种连接又激发了新的占据。

一个难题

在特别研究领域 230 的创始阶段，就编辑了一组简单但令人印象深刻的图片，以唤醒研究"占据与连接，连接与占据"——这一即将来临的复合型学科的科学家们的兴趣。建筑师、工程师、动物学家、行为学研究者、协调者、特别是城市和景观的开发者们提出了一些占据理论，虽然没有任何一种理论能表明他们代表的是什么。其中包括线性模型、黏土的破裂形态、混凝土和矿物质、泡筏模型、动物的迁徙轨迹、叶片和动物的表皮组织，水文情况以及人类居住的城市和定居点（如图 153，1–10）。

在筹备这一难题的时候，有关路径系统的图片是经过严格筛选的。试验时只选那些印在普通纸片上其结构体系线条仍然清晰可见的。所有的细节，如叶片的边缘，均被排除在外。

在场者都需要记录图片上显示的内容，以形成不同的方案供我们参考。

试验得出的结论是惊人的，几乎没有规律可循的结构形式，却有着超过 50% 的准确性。我和我的同事们即也就是这些例子的挑选者们，参加此次测试也难免犯错。譬如，一个城市结构的轮廓与一棵落叶树的叶片结构往往真假难辨。

图片可以通过合适的角度和近似矩形栅格的结构来提高其辨认识别率，或通常至少是设立一个人工资料库（人类发明的一种方法）。

显然，一片阔叶树叶从未作为一个模型在伊斯坦布尔或是其他任何城市的规划中出现。同时也很难通过模仿叶片的纹理去规划设计一个新的居住区，也许只有一些不够严谨的自然科学家会这样做吧。

图 153
1 线性模型（IL）
2 蹄类动物踩踏出的线型轨迹
3 蜻蜓的翅膀（截面）
4 枫叶
5 瓷釉
6 伊斯坦布尔的道路网
7 塞伦盖蒂平原的村庄
8 胶质的裂缝分布图
9 肥皂泡筏模型
10 最密集的道路网络

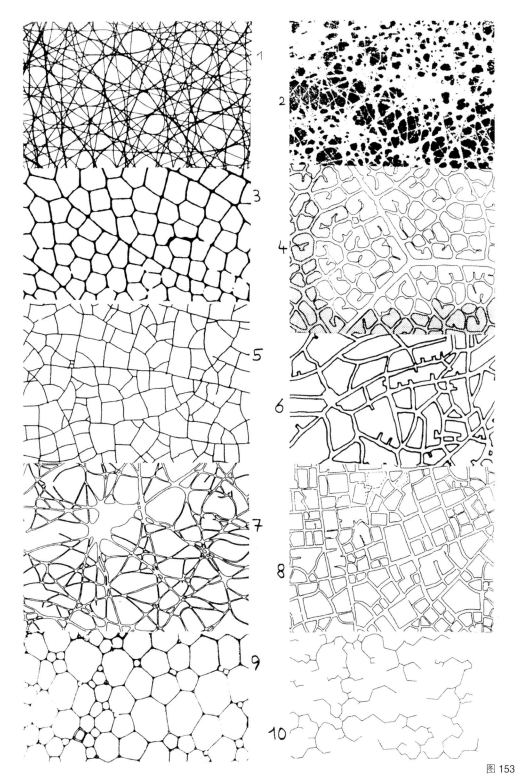

图 153

自然界中的道路系统

非生物界中的道路系统

道路和道路系统能够帮助动物或人类沟通交流，个体、团队或大量群体的活动以及大量集中的交通往往由于各种协助而变得更加容易（如图154）。

道路系统存在于自然界的各个领域。并不是所有的道路系统都具有引导性或是为了满足某种需求。有用的、适合的、高效的、最佳的或经济的等表达方式仅仅适用于自然界和技术领域。

迄今，地球史中发现的最古老的道路系统存在于非生物界。水通过小溪、河流、江河流入大海。在这一过程中"水"的形式不断发生着转变：出现分支包括水流汇合、形成岛屿、蜿蜒曲折、形成三角洲以及在海里形成潮流和入潮口。

闪电是最常见的一种放电现象，其原理是运输大量电子。通常其运动轨迹转瞬即逝，且每一次放电都会产生一种新的轨迹，因此许多连续放电的轨迹是不可见的。

与水流的运动轨迹相似的是石头的运动轨迹，它们不断翻滚、滑动。往往石块从山上滚落下去的距离是最短的，其原理就是两点之间直线最短。

滑动的雪形成同样的轨迹，我们把其描述为直线路径系统。

高、低气压区域在不停地变化。现今现代气象学利用不断出现的新的运动轨迹或经常反复出现的气流来确定高低压区域的中心以及它们之间的转化过程，这种方法具有较高的精准度。即使是低压内的小区域，在炎热的夏季或是当大型或小型龙卷风经过地球表面时，会形成一些有效的纵向运动轨迹，在这一过程中将形成大量的上升气流。

陆上龙卷风和龙卷风都是清晰可见的。而那些来自较为少见的反方向吹的下坡风一般是不可见的。这种风有时会跟小型甚至大型龙卷风的危害性相似，但这种情况很少。同理，微粒子溶解水里遵循的是地心引力。当河水干枯的时候，这些沉淀物开始龟裂并一直持续到这种物质本身干枯为止。冷却的熔岩也会发生龟裂，裂纹发展方向垂直指向地表方向。

裂缝的形成过程是一个有迹可循的运动过程，是一种路径网。大陆漂移缓慢却无法阻止，人们据此来推测地球内部气流的活动。地壳运动会留下一些痕迹，因此地震和火山爆发等都很容易被检测到。太阳、行星和卫星也都拥有自己的运动轨迹和路径，通常它们很稳定几乎不受任何干扰，尽管它们的运动轨迹不是直接可见或具有实体的物质形态，但因其直接简单所以较为容易确定。

光的传播也被认为是一种路径系统，在这个过程中传输着大量的物质和能量。太阳是我们周围最大的发电机。

尽管声波不是以直接的方式，但也能传输和转换能量。与光不同的是声音的传播需要水或空气等媒介。

在非生物界可能还存在更多的路径系统。如空气或水中的分子因其物质浓度减弱而发生扩散或是转化成固体。

可以想象仍然有许多扩散和集聚的路径系统未被发现。在非生物界中几乎所有路径系统其形式都是松散型占据或紧凑型占据的，但通常不是以单纯的形式出现。

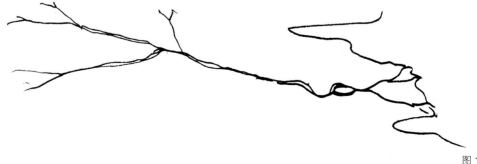

图 154

生物界中的路径系统

生物界中已知的路径系统不计其数,但许多都来源于非生物界。如分子的扩散;固体、液体、气体之间的分子转换。可以比较肯定地假设,在分子结构的世界里,特别是那些流动性的路径和运输系统是无处不在的。如微生物的流动性传输、多细胞植物和所有动物血液和体液的流动性运输。大多数运输系统都有其自身特点,也经常出现分支系统,如平行运输方式。

植物的流动性运输系统的运作方式类似于能量转化系统,冲力、摩擦力和外力(如雨雪的消融)被消耗掉,如果给植物一个固定的环境,这些力量就会通过根部把能量传送到地表以供植物生长所需。

动物的血液运输系统基本上独立于能量运输系统之外。能量运输包括筋络、皮肤、肌肉和骨骼,然而这些都由血液运输系统提供养分。

所有动物的胃和肠道都是同血液运输系统一样复杂。肝脏的运输系统非常特殊。肺部的运输系统是血液运输系统的分支,其原理更接近于气体运输系统。

生物体内另一个同样重要的运输系统是神经网络,其通过化学或电子的方式来接收、传送、储存或提取信息。

植物、微生物和动物通过迁徙、改变栖息地,并扩大其占据的区域和领地。

植物把花粉和种子释放到河道和风中,并且通过鸟类、鱼类或昆虫把它们带到离生长地很远的地方生根发芽。

动物们能够通过滑行、蠕动、伸展、游动、飞行和奔跑来实现自身的移动。

虽然那些在水中或空气中的运动很少会留下痕迹,但鸟类和鱼类却不断地利用空气和水的路径。动物在地面上前行时会留下痕迹,这证明动物的运动依赖于大量的移动,我们可以从蚂蚁或老鼠搬家得到多次验证。

动物的定居点和聚集地的运输系统是非常复杂的。最有名的如蚂蚁类、白蚁类、蜜蜂、黄蜂、兔子和老鼠等。在动物自身的移动同时,空气供给、食物供应和筑巢原材料的运输具有同等重要的作用。

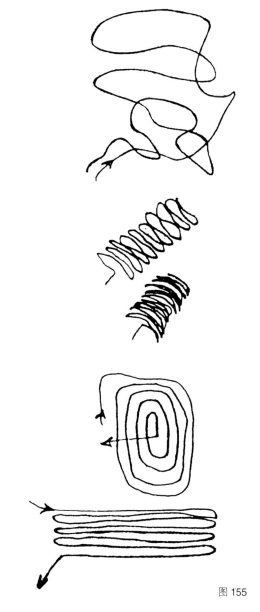

图155

在动物世界里,觅食留下的标志构成了一个特殊的路径系统范围,幼虫、毛虫和蜗牛留下的觅食痕迹随处可见。它们是地球表面生存形式的一部分。这种觅食痕迹依赖于动物的运动方式、运动器官以及动物的觅食方式。除了这些"原生态"的系统外,在生物界还存有大量"有组织"的系统,特别是处于一个平台上的营养级。

每一种痕迹轮廓都是一种路径系统,同时也是一种表面占据系统(如图155)。

雪融化后不久，就可以看见在地面上田鼠留下的路径系统。洞穴暴露了它的出口，这些路径系统至少暂时可以帮助它们推测寻找食物(如图156)。

动物及其寻找食物的方式，另一种路径系统是无处不在的：蜘蛛或其他织网类生物编织的网。蜘蛛网是路径系统。蜘蛛利用吐丝结网并依靠这些网来移动、跳跃和"沿绳滑下"等。在一张蜘蛛网上可以清晰地观察到蜘蛛编织的路径。在一个蜘蛛网的构筑物中，形状的剖析、技术功能、材料、节能等在制作的过程中都能看到，这个过程基本上可以完全被认为是动物整体或其器官运动的物质化。显然，蜘蛛编织的是"规则状"的网，例如圆形的平面蜘蛛网的平坦网，在生物学的发展方面，这些"规则状"的网要比"不规则状"的网更老式，但能够提供较高的能量，从当今几何学角度分析，"规则状"的网比"不规则状"的网更容易理解，因为"规则状"的网具有详细的分类和遗传基础，而"不规则状"的网则少得多。

蜘蛛网既是一种捕食工具，又是一种巢窝，就是一种居住的形式。

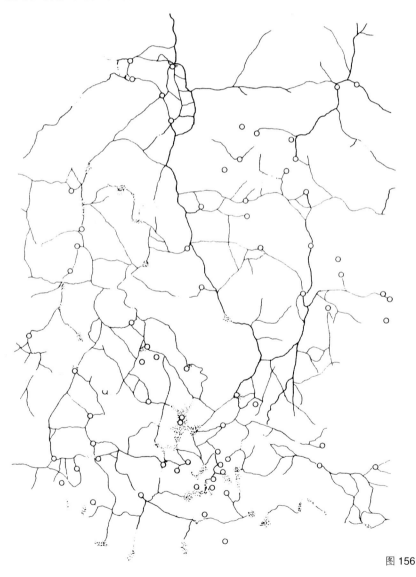

图156

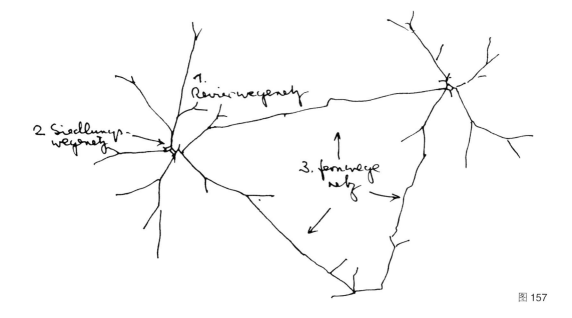

图 157

早期人类的道路系统

"50 年前,广为流传的天堂故事变成了热带草原假说,这帮助我开始思考所谓的原始人类的道路系统。"这就是描述我最初的研究如何进行的,包括前技术人类问题,他们没有任何木制的、石制的、青铜制的和铁制的工具,至少没有自己制作的东西,却能够生存。

和人们能够赤手空拳的拾起、收集或者抓住水果和小动物一样,淡水的基本需求是影响一个家族部落极其附属群体选择临时或永久性栖息地的关键因素。

早期人类的道路系统有着类似于他们祖先的道路系统,但是他们或许不是因为固定的遗传基因的关系。他们和在原野上奔跑或在天空中翱翔的动物们一样有着相同的结构,四处觅食。因此,通过长期的实践和记忆,他们在方位上确定了最有效的通行道路,从而可以判断哪条道路最为便捷高效。

场所的条件俱佳:小溪、河流、湖泊或清泉能够满足人们的饮水需求,当这些人类最基本的生存需求得以满足时,那里就成为首选的居住地,甚至包括游牧的民族。

如图 157 所示,在原始的居民点中出现了三种不同的道路系统:

领地内道路网(1)在领地内觅食变得较为方便。

聚落内道路网(2)连接个体的休息所或房子,中心是水源。

对外长途道路网(3)连接着居民地,并用于在区域间迁移。

这三种道路系统具有不同的功能,拥有不同的尺度和规模。但有一点是相似的:从一个正式的观点来看,它们都是拥有分叉道路的分支系统。在聚落内道路网和对外长途道路网内,一般具有封闭单元,虽然大都不是自然形成的。

领地内道路网

　　开放型领地道路网一直延存至今，比如一个猎人某段时间内在相同的地方狩猎。这涉及道路的一个开放分支系统，通过反复来回的使用，创造了比其他地形更便捷的横向道路。直线道路导致形成了交叉式道路，这有助于方向的辨别。人类不仅是依靠大脑，也通过肌肉的记忆来选择"最佳"道路，通常这也是结果中最经济实用的道路。

　　早期人类领地的连接方式可能与他们的祖先没有很大不同。采集食物和狩猎所形成的习惯性分支结构将他们带到自己的露营地，这个包括领地道路网中几乎没有封闭单元式的分支道路系统（如图158~图160）。

　　依据生物学的发展原理，即使同一系统在较长动物种群中被发现，这种人类"最原始的道路系统"还是很难让人相信具有遗传基础。

　　分支结构的产生来源于集中路网需要开发一个更便捷的系统。然而，与一个直线道路系统相比，集中路网需要交叉式道路系统，因为这样才能更便捷地到达目的地，即使需要绕道而行。

　　在特殊情况下，所有的路线都是低阻力的，例如南美的大草原、宽广海面上航行的船只，领地道路系统就完全变成了直线道路系统。

　　如第一部分中所述，居民点遵循的是松散型占据。这种情况出现的前提是水源、食物和可达性这些条件在大环境中保持不变，并且周围没有任何干扰性因素。

　　当领地是松散型占据时，其形式为六边形，也就是说领地之间不会出现真空地带。各个领地都有很高的可达性，领地之间具有最短距离，许多连接居民点的道路直通周围领地。

　　如图161所示，通常情况下有六种道路系统形式。现代村庄里许多田野和森林小径就是最初的领地道路系统。

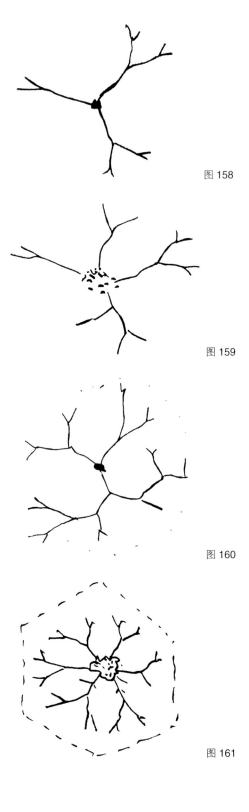

图158

图159

图160

图161

聚落内道路系统

聚落内道路系统

居民点道路系统同时也是居民的通信系统。各个独立的区域为保证安全、抚养儿童和水源供给等需求而互相靠近。从理论上讲，紧凑型占据与松散型占据其发展形式是一样的，不同的是规模尺寸。领地的大小可用 $100\ m^2$ 或 $10000\ m^2$ 来划定，单独区域可用平方英尺或平方米来划定。

基于本次研究的目的，我们把人类的栖息地定为研究单独区域的中心点。

连接个体住户间、私人领域的道路系统是居民点的中心道路系统（如图162）。一个席地而卧的人所占据的空间可以扩展到睡眠地以外，比如床铺。房屋是人类保护私人领域最原始的一种形式，其最小尺寸取决于人肢体所能触及的范围。

因此，个体区域的大小取决于个人身体的大小。所以从这个方面来说，其平均尺寸由基因所决定。

个体区域或人类住所间道路网的形成是没有基因基础的。整个对内交通网络、领土和对外交通网络也是如此。紧凑型占据形成的是六边形区域，居民点道路系统是一个开放的分支系统，与领地内道路系统类似。然而，聚落内道路系统促进了所有个体之间多样性的交流沟通。这意味着随着常住人口的增加，将逐渐形成新的和封闭型的单元网络。

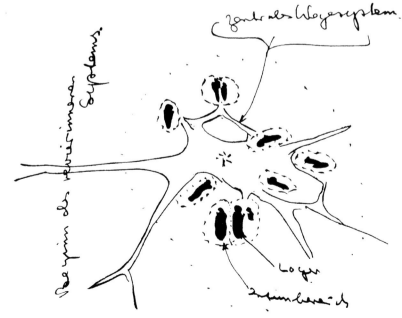

图 162

对外长途道路系统

领地道路网中的道路，首先要具备的功能就是可以满足采集或猎取食物的需求。

正常和不受干扰的松散型占据，其每个区域的中心都有六个相邻的区域和六个相邻的居民点，有3~6条道路可以使彼此相通。这就形成了对外长途道路系统。

依据相邻居民点之间的交流程度，直线型道路网或最小分支道路网将占据优势地位。

可以假设领地道路系统内的第一条道路是为了连接相邻的区域而产生，当然，也可以假设对外交通系统在出现的最初阶段里，也被当作领地道路系统的一部分来使用。

北欧对外道路系统是非常古老的，至少可以追溯到人类最初的定居点时代。

即便是道路被人们重新铺设了100次，周围的房屋已成废墟，但道路网仍然作为一种景观要素被载入史册。

发展的居民点

由于人类较高的生产率和对食物的相当高的实用性需求，居民点日益增多，人们可以通过人口、居住地、牲畜以及房屋的数量来判断，尤其是充沛的水源是必备条件之一，以上条件是衡量一个居民点受喜爱度的重要条件。

现有的道路系统可以方便到达个体或家族的居住地，特别是那些对外交通网络的分支部分。高密度居民点要求对土地以及连接居民点之间的交通进行高强度开发，也就是形成所谓的对外道路体系。

史前人类的早期道路网存在也许已经超过了10万年，那些现存的点滴迹象表明：即使广袤土地上的整个部落人口都灭亡了，新的部落集群也会取而代之。

每一块广阔的土地上粮食的产量基本上是稳定的，因此几代人形成的道路系统也应当符合当地的居住密度。

早期人类的路网独立于文化和宗教，但却能影响群居政治的形态。在许多地方，早期的路网形式至今依然存在，有的甚至可以追溯到最早期的人类集群时期。

城堡和城市

还有一种是规划的居住形式，如城镇、城堡、防御性城市以及市民的"家园城市"。

人类更具杀伤力的攻击性武器使防御工程日益坚不可摧。用栅栏或低矮的围墙紧密连接营地或居民点，这导致了那些独立区域和独立势力范围之间的互相作用，使它们紧密地结合在一起。

军事防御构筑技术就这样诞生了，它是完全违反自然甚至是与之对立的人工产物。

根据我们研究的专题的主题，正如克劳斯·洪佩特描述的：封闭型城市是具有高度文明的人类非自然行为的一个实例，人们被迫以这种方式来生存。封闭型城市在18世纪末就走到了尽头，新式武器使它很容易就惨遭淘汰。封闭型城市随着工具和武器的发展而不断前进，这就是具有科技开始的象征。一些封闭型城市发展迅速，而另一些则走向了衰落，但它们之间唯一的相同点就是高密度地占据以及对单独区域的限制。封闭型城市的标志之一就是布满相互交叉的狭窄的道路路网。

规划的道路系统

技术人员规划的道路系统

据推测，领地道路系统应该是第一个被工具改变的对象。农耕用的犁从根本上改变了地球表面的纹理。道路系统必须在主要特征保持不变的情况下适应更为广阔的区域。

利用动物拉犁或拉车会使更多的集约化农业产生，这导致了领地中心区域内人口和居民点的不断增加，对内交通网络也随之不断巩固和连接，通常它们会采用垂直交叉的道路连接方式。

道路系统的第一次重大改革不是伴随着马车和手推车，而是随着铁路的产生而得以实现的、一种连接城市之间的新的道路网应运而生，尤其是在平原地区其速度飞快。铁路是工业化的产物，促进了城市之间的交流，加速了城市的发展，同时也带动了铁路周边村落的发展。

铁路是对外道路网络的一种较高级形式。它的出现促进了城市和停靠地点的人口高密度集中。这种集中的代价是不在铁路沿线的区域的不平衡发展。汽车的引入是一种更为粗放集约化的交通形式，虽然未能如铁路一般创造出一种新的道路形式来，但是汽车运输可以使用已有的道路和路网，特别是对内和对外交通网络。近年来随着高速公路的发展，人们逐渐远离都市去郊区定居。汽车的推广使人们在偏远的郊区居住成为可能，然而，这对于解决封闭型城市的交通问题则意义不大。

出于技术方面的原因，高速路几乎从未利用过那些古老的道路运输系统。高速路是人类科技的产物。无可否认，到目前为止现有的规划理论都存有一定的弊端，但人类利用累积的知识创造出来的道路系统与最初的道路系统仍存有许多相似之处，这就是道路系统的有机发展。甚至在许多大城市，城市快速路与对内交通网络具有相同的形态。

岔路口和三岔路口是主要的道路分支形式，十字交叉路口（连接四个方向）则较为少见，通常只有当道路是在不同时期或缺少能力规划时才会形成这种形式。

飞机是最新的大众运输工具。在人烟稀少的地方飞机是一种重要的连接工具，这使得铁路的建设看起来似乎有些多余。

飞机最重要的功能是洲际之间的运输（往返于大城市附近的大型机场）。特别是在欧洲，这种空中运输方式变得越来越重要，即使是面临着新式铁路，特别是高速铁路的挑战。磁悬浮列车使这种竞争不断增强。

空中交通道路网仅在系统形成的初始阶段时是灵活多变的。今天拥有高交通流量的道路网，其路线虽是无形的但却是经过严格制定的。

高速铁路和大型机场促使大城市向超大型城市发展。

规划者

就动物和人类而言，一个道路系统的有效性完全依靠其自身的发展。这种发展只需要一种较低等级的智力水平。甚至一定水平的所谓的肌肉记忆就足以确定方位和寻找目标，比如用最少的体力就能找到食物。在这点上岔路口比十字交叉路口更易确定方位。

当然，人类会应用自身的高智商使道路系统尽可能高效便捷。比如一个具有远见卓识的人可以通过记忆，在一片新的土地上规划一个道路系统。也就是说知识可以通过世代的传承、接受不同思想和文化的影响，从而逐渐远离了那种简单的肌肉记忆。随着道路网的建设，开始形成城市和区域规划等专业化的解决方式，并逐渐塑造了两个最重要的角色：道路开拓者和规划者。

从古至今的思维模式有时是道路形成的基础，甚至影响着城市，但它实质上是非常简单的几何构图。甚至通过简单明了的可读性规划，即便是受教育程度较低的人也能够被教会和实施。

使用规划理论规划的道路系统，比如利用最近 8000 年最简单的几何知识就可以直接标注在任何地图上。其形式不同于最早居民点中的道路系统，也不同于今天的道路系统规划者规划的道路系统。

例如，人们可以很容易分辨出埃及和希腊的道路系统和防御工事，尤其是罗马的军用道路。有些人出于权利－政治的原因期望可以设计出新的路网而不是延用已有的道路网。

人类是地球表面最强大的改造者。占据和连接的过程不断被人类所控制、改变、影响和激发着。

自然道路系统中的溪水、河流和水流是不断变化的。这种变化可以服务于电站、船、浅滩、轮渡、桥梁和隧道，并由此形成一种全新的运输系统：镀锌输水管线、污水出水口、净化厂、供电系统以及建筑物内的人工通风换气的通风系统等。

能源运输系统存在于一个很广的范围内，如包括在房屋、桥梁和塔的建造过程中。

电子通讯网现在对科技的发展变得越来越重要。

道路系统总论

简介

假如一个被界定的区域被占据时，占据是怎样发生的并不重要，不论它是随机生成的，还是紧凑型占据或是松散型占据，抑或是其他方式。（如图163.1）。

如图163.2所示，连接占据点（领地的关键点）的直线形成了直线道路网。

通过总长度最短的连接方式形成最短道路系统（如图163.3）。最短的（即能量上最合适的）曲线道路系统位于直线道路系统和最短道路系统之间（如图163.4）。

生成或扩大路网是一种特殊情况（如图163.5）。连续连接新的点时将产生最短道路。道路不仅连接着各个占据点，同时还在交叉点或分叉点上激发出新的占据（如图163.6）。

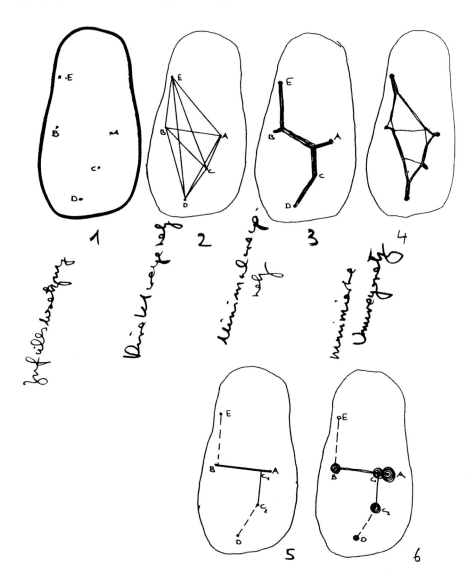

图163

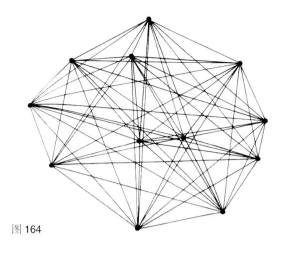

图 164

直线道路系统

在本系统中,无论是人类的运输还是能量的运输采用的都是直线运输方式。其理想形式仅包含直线道路和道路交叉口,分叉路和聚集是不会发生的。这种直线道路网很容易建造,利用简单的测图仪器就能完成,如埃及人和罗马人建造的路网。

最简单的直线道路网就是连接城市与城郊居民点的主干道网。直线道路网同样存在于能量运输系统中,例如通过木材、钢材或混凝土构成的立体框架把多层或高层建筑的重力通过最短道路传向地表。极度发达的直线道路网是很罕见的,它的发展需要大量的地表和空间。

飞行路线,船运航线都接近于直线道路系统。道路交通的聚集只有当必要的外部条件都满足时才能发生,如在浅水区、空中交通系统和电子系统中。

能量在建筑物中传递的过程中,直线道路系统出现在承压结构的比例远高于扭曲结构中。

图 164

连接 12 个端点的直线形成直线道路网。每一条道路都是最短的直线连接,这种方式在另一方面也意味着最低的利用率和最高的表面积占有率。

图 165

磁悬浮轨道的抗压扇形承载支撑体系。

图 165

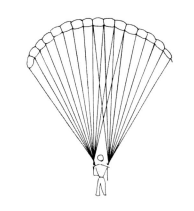

图 166

图 166
打开的降落伞是一个空中的能量运输系统

图 167
居民点之间的对外道路网络。频繁扩张,道路不断占据空间。

图 168
居民点对内交通网络里,房屋之间的自由空间形成一个直线道路网。

图 169
当居民点之间的对外交通网络形成的时候,外围道路、环绕建构筑物(如湖泊和山脉)的道路也随之形成。

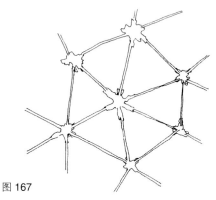

图 167

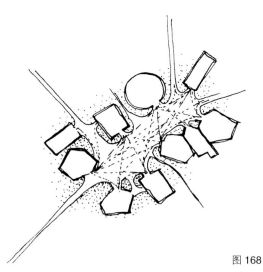

图 168

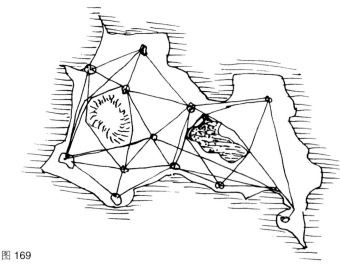

图 169

最短道路系统

如图170.1所示，直线道路网中的每个端点都与其他端点通过直线相连接。这种方式同样适用于有障碍物阻隔的个体通过变形和延伸后相互连接。

两点之间采用直线道路系统连接则其总长度最短（如图170.2）。这些道路本身具有很高的利用率，但端点之间则要绕道而行。

最短道路系统常常应用在使用率较低或是造价较昂贵的道路系统上。例如当三个地点都位于不可逾越的沼泽地时（如图171）。

最短道路系统还出现在被人踩出来的便道，例如当在有大面积绿化的庭院中或有积雪等障碍物时，人们踩踏出来的道路，即使不是最短的，也是可以接受的。

当修建新的道路时，人们总是会计算出最短道路和直线道路（如图172）。

三个或四个端点之间的最短直线道路网可以通过铅笔和量角器相对容易地完成。超过五个端点以上，即便是在可以使用计算机的情况下也会变得比较复杂。1960年前后我们在柏林的工作室发明了点线机仪器，随后1962年又发明了肥皂泡外壳仪器，试验时将仪器里的一个水平玻璃板放在水面上，最短道路便会顺着指针自发形成，这个科学试验由光学研究院（Institut fur leichte Flachentragwerke）持续完善，并在1969年对外公布。最短道路系统是连续开放型的道路系统，也就是说其没有封闭单元。任意一个交点连接的三条直线之间的角度都是120°（如图173~图177）。在实践中几乎从未发现严格意义上的最短道路系统，所以稍有偏差也属正常现象，比如交点间的角度可能与120°有±10°左右的浮动（如图178）。

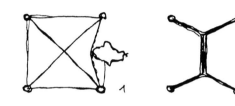

图170

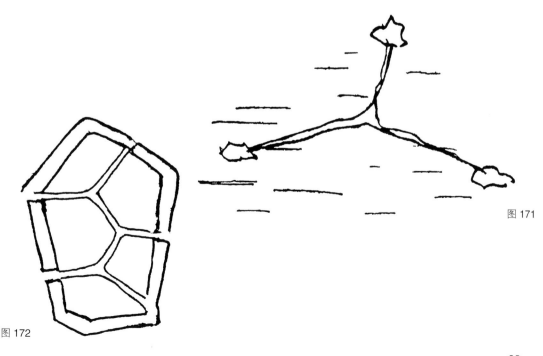

图171

图172

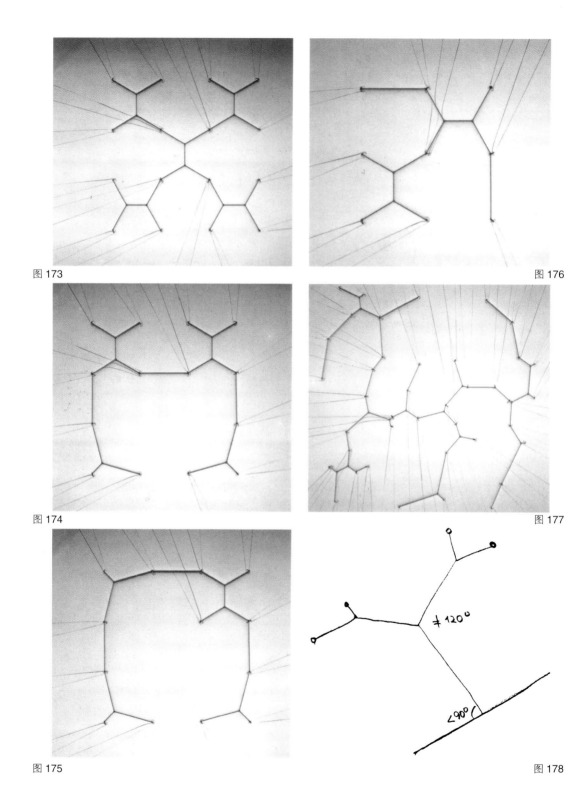

图 173

图 176

图 174

图 177

图 175

图 178

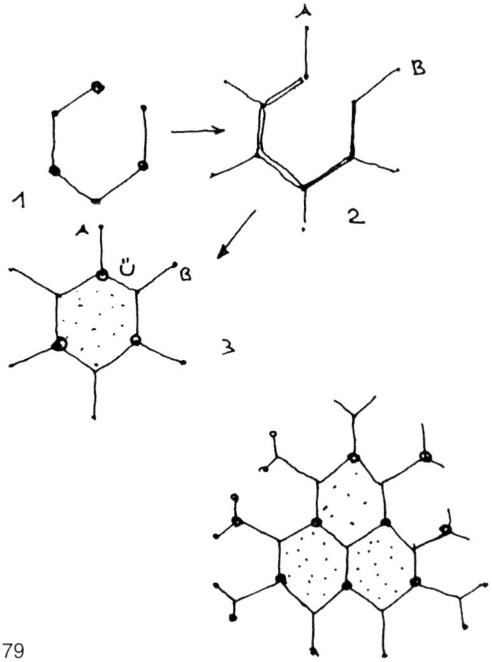

拥有封闭单元的最短道路系统

正如前面叙述的一样，一个理想的最短道路系统是没有封闭单元的。虽然这种理想状态在试验室也是不存在的。除非人们可以熟练地吹一个泡沫进去。

举个例子：一个六边形在六个端点之间有一条边是没有封闭上的（如图179.1），如果A点与B点相连，那么整个道路总长度就是A点与B点直接相连时的五倍长（如图179.2）。如果六边形通过直线 ü 来闭合（如图179.3），那么整个系统的长度将增加1/6，但是总效率将提高约200%。

拥有六边形的封闭型道路网，在能源方面既有利于松散型占据，又有利于紧凑型占据，但前提是低密度交通问题能得以解决。

人类的"原始道路系统"完全可能是领地道路系统，居民点道路系统和对外道路系统形成封闭的最短道路系统（如图180）。

许多古老的道路网中都可见其身影。

衍生型道路系统

在许多情况下表面占据是连续发生的，除此之外往往是随机的。图180中的端点1（A）没有在对外道路系统中。当端点2（B）出现的时候，连接1~2的直线形成。端点3（C）将与最近的点相连。在这种情况下，形成1（C）。其次被占据的是端点4（D）。1~3延伸部分是以前的系统最接近这个点的部分，它们之间以直角相连。在图E中，端点5和端点6是新增加的，它们分别用直线与1~2相连。端点7如下所示，与端点6相连。图F显示了一些新增加的点。

图 179

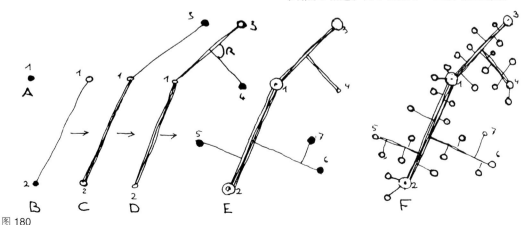

图 180

衍生型道路网的特征就是拥有大量的丁字路口，也就是直角连接。然而也有一些是非直角连接。衍生型道路网广泛存在于世界上，尽管很少有纯形式。其渊源可以被追踪。

从系统 F 中可以很快辨认出所有未编号的圆圈就是最近新增加的点。在系统 E 中，端点 7 一定较端点 6 晚出现。然而，端点 4、5、6，出现的顺序则难以确定。端点 1、2、3 亦是如此。但可以确定线段 1~3 一定早于 4。

然而，除去其他因素，该系统中的这些迹象可以确定道路网的年龄，尤其是在一个居住点或城镇里。

区域一旦被确定后，就可以据此推测出下一点的位置（如图 181，图 182）。

对于现存不管是随机的还是有规划的占据系统，衍生型道路系统都可以找到其雏形（如图 183，图 184）。

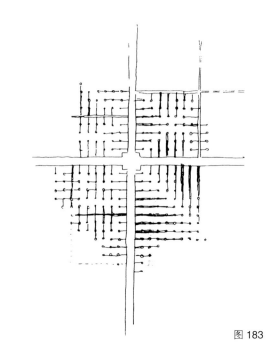

图 183

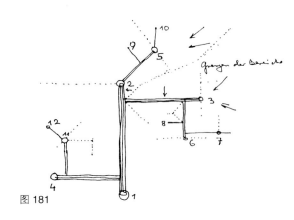

图 181

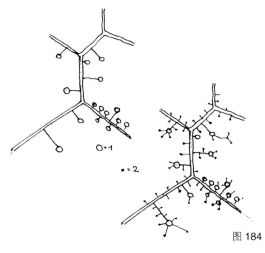

图 184

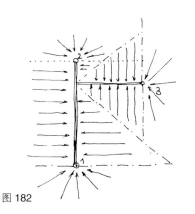

图 182

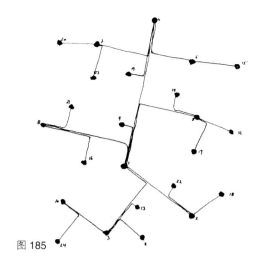

在所有的道路系统中，当每一个点的最近点为占据点时，这点通常具有重要意义。尤其是在衍生型道路系统中。在图185中，系统中的这24个端点是相继随意生成的，这样系统中的下一个点或下一条道路对于每一个点都是可以到达的。但通过这个系统到达下一点的道路是确定的。图186中又新增了12个点。道路的使用强度一目了然。

在衍生型道路系统中，当第二条分支道路用直角与第一条道路相连的时候（如图187），T形连接是最为便捷的方式，尤其是当道路不仅仅是通向一个占据点时（如图188）。

图185

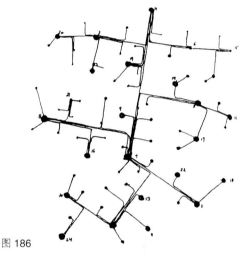

图186

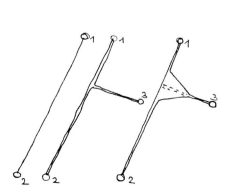
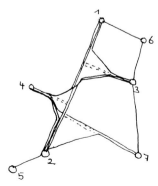

图187
图188

67

最优化道路系统

自然界不存在纯粹意义上的直达或最优化道路系统，这给我们的通行带来诸多不便。直达道路系统即两点间拥有最短道路网，但道路使用率往往不高，并占有很多表面；而最优化道路系统的道路总长度可能最短且使用率更高，但却被认为有很多弯路。比较而言，这种由原系统衍生的优化道路通常使人们感觉更好。因此，理想的道路系统就是直达道路系统和最优化道路系统的结合体。

此外，需要一套最简便的系统来测量道路的优化程度，并通过研究（道路）自身构造达到优化空间构架的目标（1962年）。

最优化道路系统（如图189）和直达道路系统（如图190）都适用于此。

在如图191所示的实验中，将模型浸入聚酯后会呈现出一种分枝状。如图192，图193所示，这种形式随着道路长度的细微延长，交叉口相互闭合后形成一种可用的结构。

这个简单的设计方法已成为众多建筑师们的理念并融入他们所设计的建筑作品之中。

如图194

芝加哥展览馆展出的支架结构；设计者：弗雷·奥托，1960年。

如图195

可可玛（Kokomma）议会大厦遮顶下的支架结构方案，沙特阿拉伯；设计者：弗雷·奥托，罗尔夫·古特布罗德，1974年。

如图196

磁悬浮列车的出现作为直达道路系统的一种新型线路而备受关注。设计者：弗雷·奥托和埃德蒙·哈波尔德（Edmund Happold），1991年，委托技术研究所负责。

高层建筑和桥梁的支撑结构是由三向路网来传递力量的。当把线悬挂着放进水里时，表面的应力将它们组合在一起后出现分叉，并且只有三向交叉，没有四向或五向的交叉出现。用这种结构作为支撑构件时，可以通过简单的操作达到预期效果。如图197所示，在研发四向或五向交叉的同时，必须保持基本的原理不变。

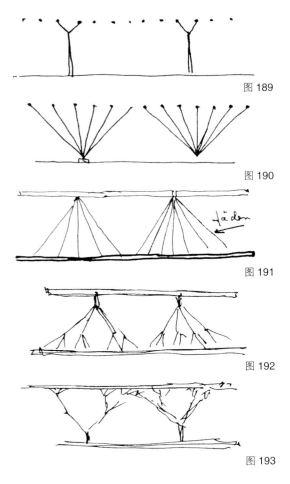

图189

图190

图191

图192

图193

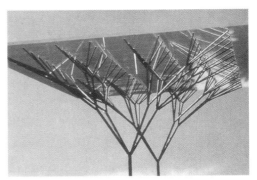

图194

68

图 195

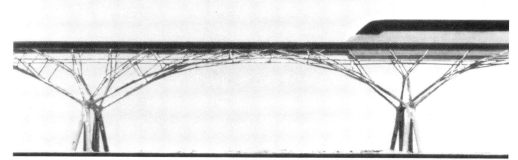

图 196

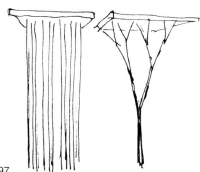

图 197

从 1990 年开始，IL 研究所的马雷克·科沃杰伊奇克（Marek Kolodziejczyk）通过对最优化道路系统的平面和三维模型的分析实验完善了这一方法。

这些对路网领域进行优化的种种探索所得出的结果都极具研究价值。科沃杰伊奇克在这些平面和三维模型实验中研究了有关粗线的问题，这些粗线锁水时间更长，因此干得更慢；相对细线而言他们更容易让图片取样。随后进行的一系列的实验是关于细线固有刚度突变后使用状况的实验。在前几次的实验中，弗雷·奥托选用了合适的材料。在研究最优化道路系统的路网时，这些结果非常有用。

在实验的基础上去解读理论就很简单明了：人类早在远古时期就开始徒步或者使用交通工具旅行。人们每天在道路上像无头苍蝇一样来回穿梭，原因是没有一条直接通往目的地的道路。曲线道路并不少见，这样的道路实际通行的距离要远远长于最短道路的距离（绕了一个大圈），而测量弯路的方法其实是很简单的。

人们去上学或工作时所走的道路，大约有 30% 到 60% 都用在弯路上。步行的人和骑自行车的人机动性强，可以任意变更道路；然而汽车司机和火车旅客很少考虑这些，只能花费更多的时间到达目的地。一般弯路大约在 7%（系数 1.07）算正常水平，这个数值以下（小于 7%）人们都不会觉察。但系数如果高于 7% 则会被感知到；当弯路的比例超过 30%，人们便会产生烦躁和不满的情绪。

如果现状或规划的道路长于直线道路，那么会产生出多种形式。

下面是关于道路测算的数据图解（如图 198）和根据这些数据做出的弯路的模型（如图 199）。

道路的变化多样具有适应许多因素的优点，但同样也具有一定的不足；由于路网系统不能明显地确定最优道路，所以在实际过程中我们只能大概估算一下封闭的区域。

举例说明（如图 200）

如图所示，在原有 A 点到 B 点间添加 M 点，设置 M 点到 A 点的路线比两点之间的直达距离长 4%，同样 M 点到 B 点比两点直达距离长 6.2%。在实验中，这两条路线都是随机生成，然后连接在一起。将这些线路集中分析之后可以得到一个 Y 字形状的小路线（如图 201），这条路线被认为是系统中三点之间的最优路线。系统中全部的长度现在仅是直达路线的 71%，而且系统中平均的弯路为 5%，这样大概节约了 29% 的距离。以上实验体系的建立可以通过使用所谓的"花园小径"方法计算出来。

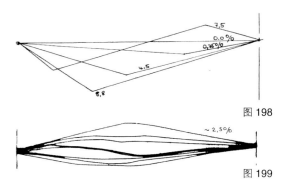

图 198

图 199

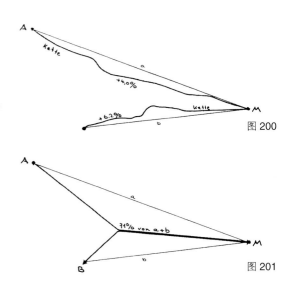

图 200

图 201

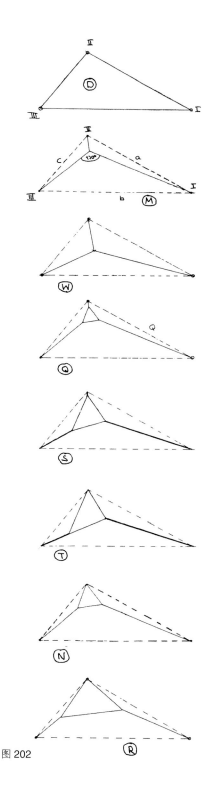

图 202

U~G 图解

20 世纪 80 年代，在 IL 24. 轻量级原则课题中有一项关于图解表达法的长期研究。我们可以通过图表的研究，来解释最优化道路系统理论，尤其是针对多余道路的测算问题，这同时说明规划出的多余线路往往是一个测量难题。运用这套方法不是精确计算或清晰定义，而是通过一系列的反例进行阐述。

通过简单的例子（如图 202）可以解释这一方法：将三角形的三个顶点连接，画出一个直达系统 D，系统中没有无效路线，道路的总长度 G 与直达路网相等。

从 U-G 图中可以看到直达道路的长度与多余道路的关系。直达路网用坐标 U=0%，G=100% 表示（另一种表示方法为 1.00 和 1.00）。图中所表示的最优道路系统（M），路程的长度仅为直达系统的 55%，多余道路为 9%。图中另一种道路系统（W），拥有更优化的道路系统。

道路系统 Q、S、T 和 R 是通过一系列实验得出的，这些结果在 U~G 图表中都有显示（如图 203）。系统 Q、N 和 R 非常有趣，它们依靠于对问题的解释。在 Q 和 R 系统中，道路结构的建造和维护所需的能量消耗和系统通行所需的能量在理论上要低于其他系统。有关质量和能量支出的数据可以从 IL 24. 克雷夫特和马塞表格 (Kraft und

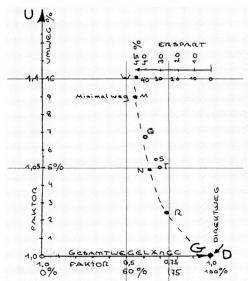

图 203

Masse）中得到。

IL 对随机产生的 12 个点的道路系统进行了研究（如图 204）。图中的第 2 号图形表示了第一种系统，系统中每条支路都有 4% 的无效道路存在。该系统中路径的总长度只有直达道路系统 1 的 1/3。

研究引入了一系列的图表，这些图表中有一些无效路径，但同时道路的总长度却减少了。这些点所组成的区域在很多情况下被认为是"最优的"。例如，可以通过进一步的实验达到用粗线进行约束的目的。理论上这种方法适用于任何一种结构，但这里只适用这种结构。

除此之外，还有一些其他的方法来改进和检测更多的结构，这些方法可以直接优化无效道路或改善道路总长度。

这一领域的实验是由一位名为马瑞克·科沃杰伊奇科（Marek Kolodze-jczyk）的研究者进行的。他在试验中分别对三角形、五边形和六边形进行了研究（如图 205，1~9），并得出了以下结论：每种多边形都有 5% 的无效道路，为总路线长度的 40%。实验中每个小项目基本都使用不同的结构；只有图 149.3 的结构被多次使用。

实验中通过预设无效道路来检查每个延伸处的无效道路，并以此来测量系统的无效道路。这样的方法只有通过不断的精炼才能得出最优化的路线。

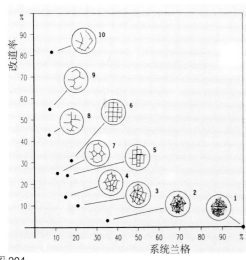

图 204

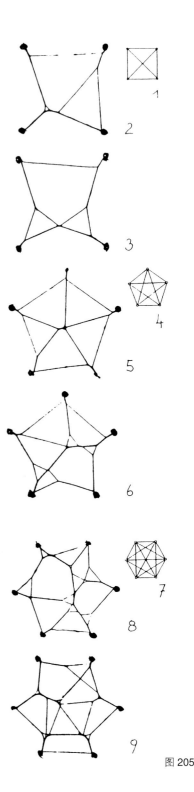

图 205

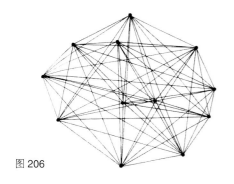

图 206

图 206 表示的是 9 个点之间的几种直达道路系统，图 207 表示的是优化后的路网系统，图 208 表示的是一个衍生的道路系统，图 209 表示的是有 5% 无效道路的线路实验。

实验的基础是对 12 个点连接的结构进行直达道路系统、最优化道路系统、衍生道路系统和道路等的测试。在实验过程中需要考虑很多不利因素，如山川、桥梁等常规因素。通过率先研究直达道路系统，然后逐步浓缩集中直达路网并最终得出结果（如图 210~图 212）。

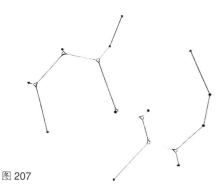

图 207

图 210

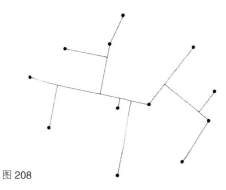

图 208

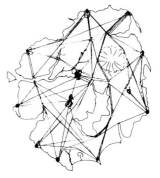

图 211

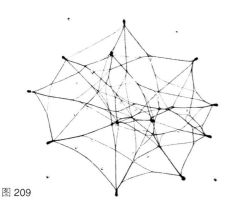

图 209

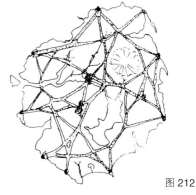

图 212

几何型道路系统

最著名且使用率最高的人工道路系统都建立在四方形或是矩形的格栅基础上（如图213）。三角形和六角形栅格（如图214，图215）在人工形式中并不常见，但在自然形式系统中却比较重要。历史上最古老的规划道路可能已有6000到8000年的历史。

实验的目的是使实际占据部分与它们的道路系统的形状相似。第一部分实验有力地论证了实验中运用理论模型与现有数据比较分析的合理性（如前面提及的三角形、矩形和六边形的比较分析）。本书第一部分中的试验就证明了这些结果。分析的结果表明了当紧凑型和松散型占据涉及巨大连续面时，区域的中心就是等边三角形的栅格，相关区域则是六边形。

假设村庄居民点中心研究区域大约是旧时德国的1英里或是90分钟步行的范围，同样区域的栅格就比较出来了。

几何单位表示：7.4216 km

普鲁士单位表示：7.5325 km

波兰单位表示：8.5300 km

俄罗斯单位表示：7.4700 km

为简单起见，实验中取7 km为标准。在三角形栅格的居民点中，区域的面积为$42.411 km^2$，这同样适用于矩形和六边形栅格。如图216~图219所示为相同面积的三角形、矩形和六边形的栅格。

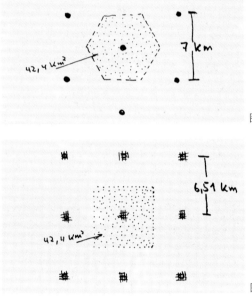

图21

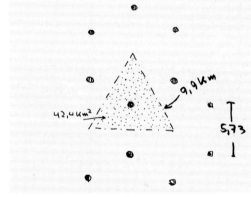

图21

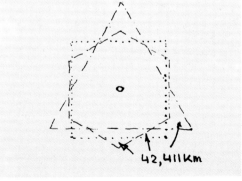

图21

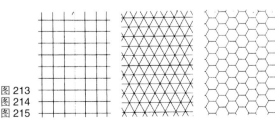

图213
图214
图215

实例

三角形栅格,六边形领域,直达道路系统（如图 220）

D_D

三角形栅格—直达道路

两点间距离为 7km

区域的面积为 42.411km²

区域内道路长度为 6 × 3.5=21km

区域中每平方千米拥有的道路长度为 21/42.11= 0.5km/km²

相邻第二点的直达距离为 12.2km

相邻第二点的道路长度为 14km

绕行 14.7%

系统中平均无效道路为 5%

系统中平均重复道路为 8%

下一个位置加上相邻第二点的一半为 7+7 = 14

三角形栅格、六边形领域和封闭的最优化路线路网（如图 221）

D_M

三角形栅格,最短的道路

三角形两点间的距离为 7km

区域面积为 42.411km²

区域内道路长度为 3 × 4.4041=12.123km

区域中每平方千米拥有的道路长度为 12.123/42.211=0.2858 km/km²

区域中心点之间的直达距离为 2 × 4.041 = 8.082 km

这表示有 15.4% 的绕行

相邻第二点的道路为 4 × 4.041=16.164km

这表示有 16.164/12.2 = 1.325 即绕行 32.5%

系统平均绕行 23%

另一个中心点加上相邻第二点的一半 8.082+16.164/2=16.164km

六边形栅格、三角形区域、封闭最小道路网（如图 222）

S= 六边形栅格

区域面积为 42.44 km²

到下一点的距离为 5.73km

六边形对角线长度为 11.46km

相邻第二点之间距离为 9.3km

区域内道路长度为 3 × 2.87=8.61km

区域内每平方千米内道路长度为 8.61/42.44=0.201km/km²

两端点间绕行为 0

两个中心点间绕行 16%

对角线绕行 73%

平均绕行 30%。

边长加上相邻第二点的一半 =5.73+2-5.73/2=11.46km

矩形栅格、矩形领域、直达路网（如图 223）

Q_D

直达矩形道路网

区域面积为 42.411km

矩形两端点间距离为 6.512km（绕行 0）

对角线两点距离为 2 × 6.521=9.209（绕行 41%）

两个中心点距离为 9.209+6.512=15.71km（绕行 7.7%）

平均绕行 18%

领域中每平方千米有道路 (2 × 6.512) + (2 × 9.209)/ 42.411 = 0.741 km/ km², 31.422km

边长加上相邻第二点间距的一半 6.512 + 9.209/2 = 11.117km

矩形栅格，矩形领域，没有对角线（如图 224）

Q

矩形栅格（没有对角线）

区域面积 R 为 42.11km

两点间边长为 6.512km

两个中心点的距离为 2 × 6.512km（绕行 41.4%）=13.24km

中心点到第二中心点距离为 3 × 6.512（平均为 21% 的绕行）

系统中无效道路大约为 30%。

区域中道路长度为 2 × 6.512=12.304

区域中每平方千米有道路 0.292km/ km²

边长加上相邻边长一半为 6.512+2-6.512/2= 13.024km

矩形栅格、矩形领域、最短道路（如图 225）

Q_M

闭合并有最短道路的四边形栅格系统

区域面积为 42.44km

两端点间距离为 6.512km

两个中心点的距离为 7.7km (18.5%)

分别到对角点的距离 =7.7+2.7=10.4（绕行 62%）

7 + 10.4 = 18.1km/14.2（绕行 27%）

系统中的平均绕行 =34%

每个领地内的道路 (7.7 × 2)+2.7 = 18.1 km/ 42.44 = 0.51km/ km²

到下一点的距离 +1/2 相邻第二点间距 =12.9km

下表列出了以上实验的数据（如图 226），并由图表表现出来（如图 227）。

将数据相互比较后可以发现三角形和六边形网络都有区域内部最低道路需求，并有到最近点的最短距离。

通过以上实验可以推断出：紧凑型或松散型占据都应是与最优化道路系统结合而成的产物。在上述实验中，尽管矩形道路网 Q 平均无效道路达到了 25%，但已经明显达到了很好的效果，尤其是在美国对较大的区域进行划分时。

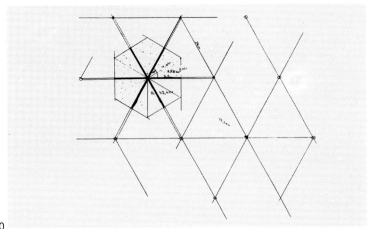

图 220

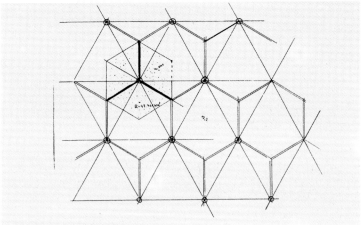

图 221

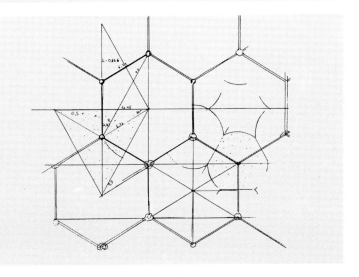

图 222

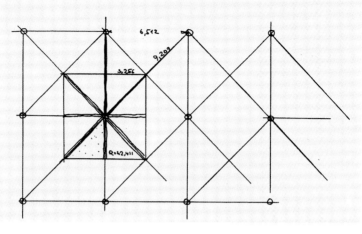

图 223

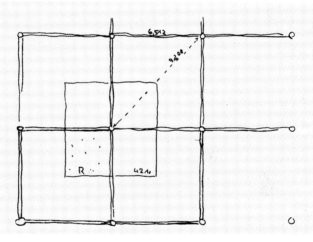

图 224

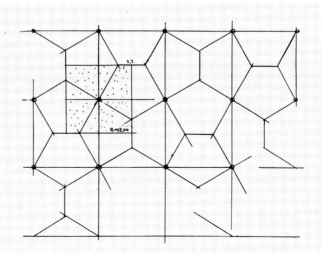

图 225

−= 最低价值
！= 最高价值

Bezeichnung	Symbole	Weglänge im Revier km/42,11 km²	Weglänge je km² km/km²	Weg zum nächsten Ort km	Weg zum übernächsten Ort km
D_D	△	21	0,5	7	14
D_M	△	12,1	0,3	8 !	16 !
S	⬡	8,6 −	0,2 −	5,7 −	9 −
Q_D	⊠	31,4 !	0,74 !	6,5	9,2
Q	□	12,3	0,3	6,5	13
Q_M	⋈	18,1	0,42	7,7	10,4

图 226

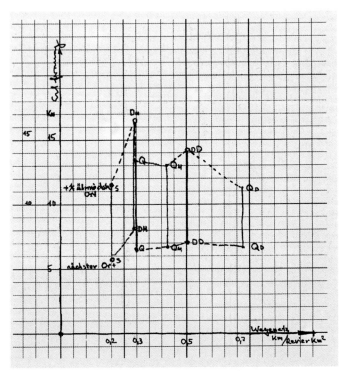

图 227

78

对几何路网的评述

相同规格区域内的道路系统可能有多种存在形式，这很大程度上取决于地形、土地管理和对木材、家畜和农产品运输方式。

图 228 和图 229 表示的是不同面积的三角形或者六边形松散型占据，它们没有相连的道路系统。

三角形栅格的占据区域之间存在向六边形栅格转化的现象。假设当居住区域变得更密集时，六边形道路将转变为三角形道路（如图 230）。同样，直达道路系统与最优道路系统间存在相互转化（如图 231）。

在草原地带，六边形栅格中嵌套三角形的形式不会对森林产生影响。因此六边形栅格通常对低密度居住更有利。此外，如图 232 和图 233 所示六边形栅格可以经常转变为三角形栅格。

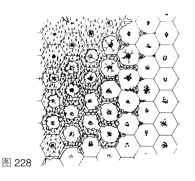

图 228

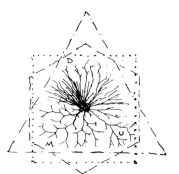

图 229

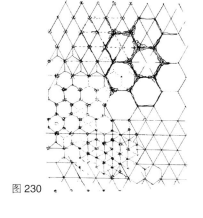

图 230

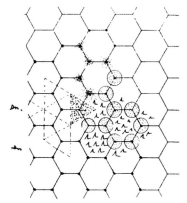

图 232

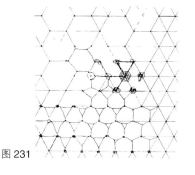

图 231

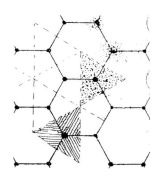

图 233

对于矩形栅格来说，它们可以接受内部任何形式的分隔，同时能融合周边各种形式的栅格。如图234~图236所示，内部无效道路是相当巨大的。

矩形栅格系统内部的快速导向和自由分割的特点容易导致系统内部生成大量无效道路，平均为22%。如图237所示，从A到B点的无效道路为35%。

密尔沃基同北美许多城市一样拥有大片景观绿地，城市的高速公路与城市干道沿城市呈对角线分布，许多道路沿袭着印第安时期的道路布局。这样的对角线道路布局有效减少了系统中的平均无效道路（如图238）。

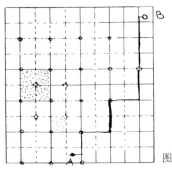

图237

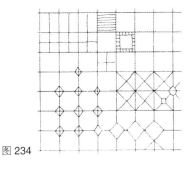

图234

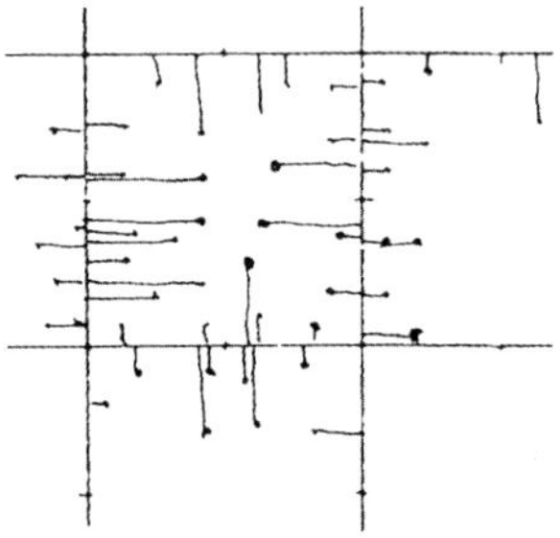

图235

图236

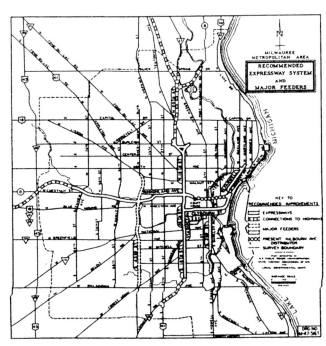

图238

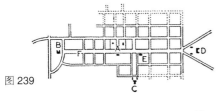

图 239

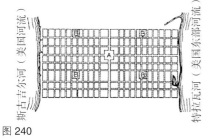

图 240

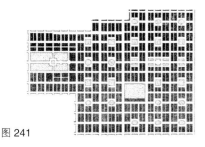

图 241

矩形栅格系统是经典的规划居住系统之一，但这只是规划的一部分，即使它在城镇规划指导图书中占有主导地位。

图 239 表示的是 1699 年威廉斯堡的城市轮廓线。图 240 表示的是 1682 年费城的城市轮廓线，图 241 表示的是 1733 年萨凡纳的城市轮廓线。

关于矩形栅格内部最小道路网，读者的注意力再一次集中在了 1968~1969 年 IL 关于最小道路网研究及制图上。基于这次研究，IL 于 1969 年在斯图加特出版了 *IL1*：*Minimalnetz*，*Minimal Nets*（如图 242）。

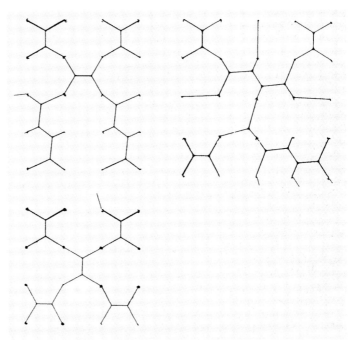

图 242

如图 243 所示为用线或链条进行的一系列探索含有较少无效道路道路系统的实验。

实验得出的结果是一种用链条围成的四点栅格，栅格形成了具有平均无效道路的道路（如图 244)。

矩形栅格中的闭合道路系统

图 245 表示的是矩形栅格中的闭合道路系统。

平均无效道路大约是 5%。整个道路系统中的道路长度大约比直达道路系统短 7%。这个道路系统适应交通网的多样性，从而促进了新的聚居点的发展。

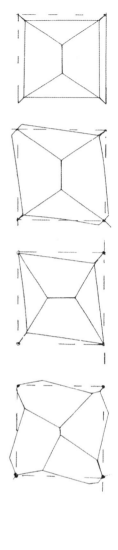

图 244

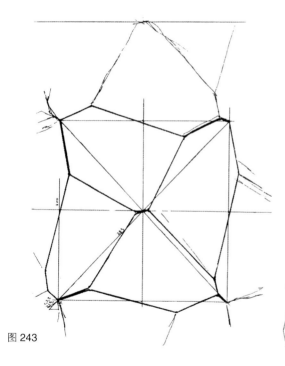

图 243

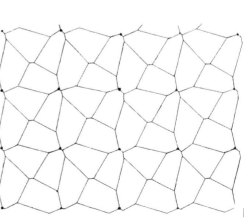

图 245

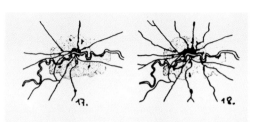

图 247

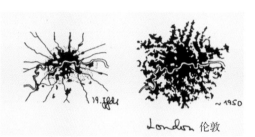

图 248

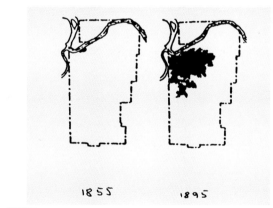

图 249

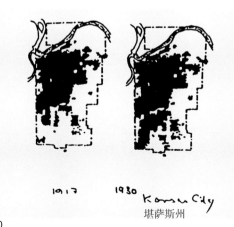

图 250

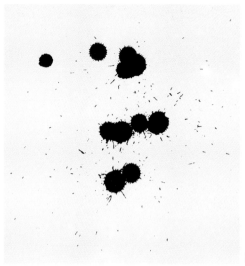

图 246

墨迹、水滴及其他表面占据形式

表面可能通过天然或人工的方式被占据。在此期间，我们不能清晰地描述这些形态和结构的产生过程或最终形式。受柏林技术大学生物学家和人类学家约翰·格哈德·黑尔姆克（Johann-Gerhard Helmcke）的影响，弗雷·奥托和他身边的生物学和建筑工作小组共同创造了条件类推法。这一研究方法的主要内容包括了调查研究和比较分析物体间起源的相似性。其重要依据是达尔希·温特沃斯·汤普森（D'Arcy Wentworth Thompson）出版的一篇名为《生长与形式》的著作。

贝克尔（Becker）、布伦纳（Brenner）和洪佩特（Humpert）的论文《60座城市现象比较》的开头引用的"城市沿着景观扩展就像墨水的斑点"这篇论文刊登在《IL 41 智能建筑》（1990年）的第 150 页。

最明显的问题就是：图底分析与墨水斑点具有多高的相似性（如图 246）。为什么会产生这种现象呢？

在图底分析中，建筑的部分用黑色表示，建筑以外部分用白色表示。图 247~图 250 表示的是伦敦城和堪萨斯城市发展的图底分析，图 251 表示的是相同尺度下不同城市的图底分析。运用这个方法可以很容易测量区域表面积和城市的边缘。在一个非常精确的科学对比研究中，必须很确切地定义城市建成区域、居住区域、闲置用地和城市边缘区。这在人们可以将建成区域描述为墨迹的问题中起的作用很小。

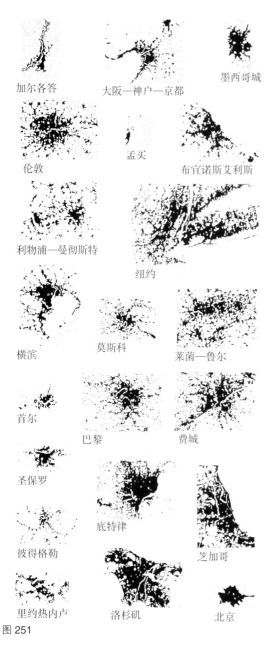

图 251

类推研究的一个重要特性就是不仅能用肉眼比较形式和物体,而且能研究物体的起源。而这些通常要通过实验得到。

实验中做了这样一个尝试:用墨水分别滴在金属和其他材料上进行比较。

如图 252

用画家的画笔将钢笔墨水滴在潮湿的厚的油画纸上。

如图 253

将墨水滴在有褶皱的纸板上。

如图 254

从1.5m处将液态锡滴到石头上。

如图 255

从3m处将液态锡滴落到石头上。

图 252

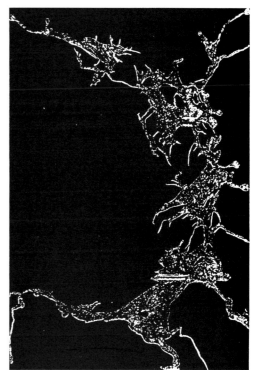

图 254

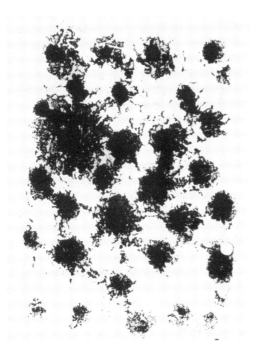

图 253

图 255

图 256

图 258

图 257

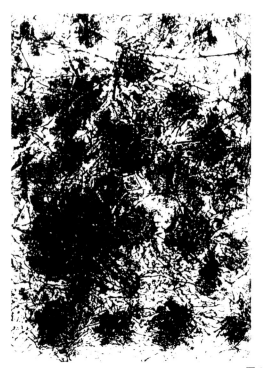

图 259

如图 256，图 257

将墨水滴在潮湿的纸板上，用水彩笔画出点。

如图 258，图 259

将钢笔墨水滴在一个厚实的不断摇动和褶皱的纸板的两面。

如图 260，图 261

在石膏制成的三角形栅格中注入液体锡。锡表面的张力非常强，使得液体堆积在褶皱的交汇处。

从图 202 中可以看到一些实验的细节。

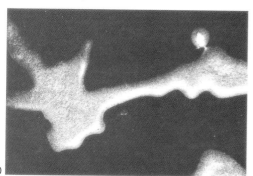

图 260

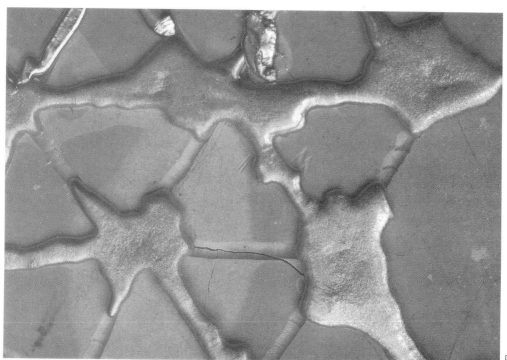

图 261

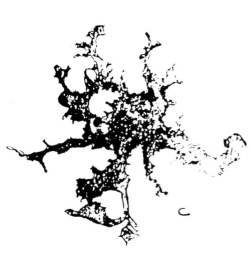
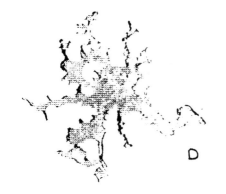

如图 262 A ~ D
锡在焊接过程中随机滴落在橡木板上。
A 原始大小
B 和 C 是放大之后的图像
D 是传真之后出现的栅格图像
这些滴痕很像城市规划中的图底分析。

如图 263
在弗雷·奥托的实验中，在潮湿的填充材料下意外地发现一片吸收了墨水的图案（大约是实际大小的 60%）。

如图 264
这是加拿大冬天里平坦的湖面还是梅克伦堡-前-波美拉尼亚(Mecklenburg-Vor-pommern)的湖面呢？其实，这只是一张从另一个角度拍摄的图 263 的照片。

图 262

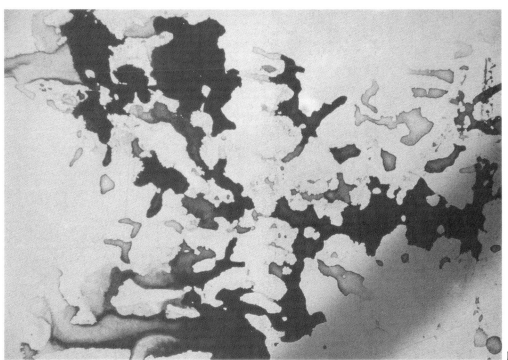

图 263

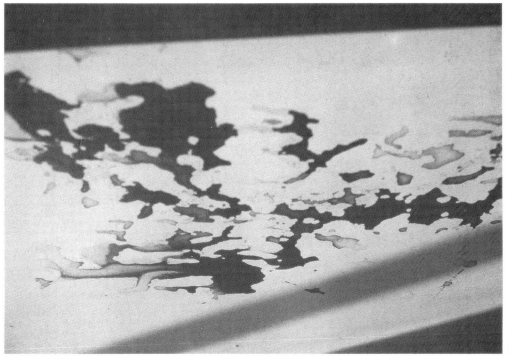

图 264

为什么墨水斑点像图底关系？当水滴下落时，产生的冲击力使材料向外移置；当水滴落在纸上时，支流渗透作用使材料向外移置，它还经常出现湾流的形式。

在大城市中，原有的道路网与新建的铁路不断拉近聚居区与城市的距离。

墨水、颜料和液态锡滴落的冲击力，或其在吸附材料吸收过程中的表面张力作用，它们很可能具有非常相似的结果，却很难用数学方程去解释。

如图265~图268所示不是墨汁，而是松散型占据表面漂浮的磁体实验的照片。图265表示的是聚苯乙烯泡沫颗粒分散在水面上的图片，实验中漂浮物快速朝着磁体方向运动（如图266），然后在磁体周围大量聚集（如图267和图268，比例为1:1），水面的张力将大量的漂浮物聚集到一起，最后凝聚成块状。如图269所示为实验中磁体周边大量聚集漂浮物的原始图片，图270为图表的分析。如图271所示尝试研究一种能量优化的道路系统。

以上的实验可以重复进行。虽然每次产生不同的形式，但是它们总是带有一定的相似性，特别是在图底关系上存在更多相似。

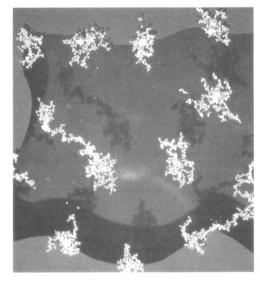

图26

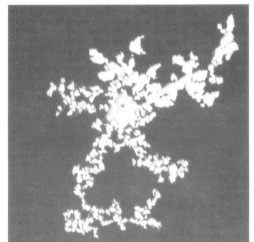

图26

图265

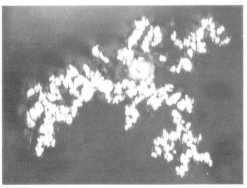

图26

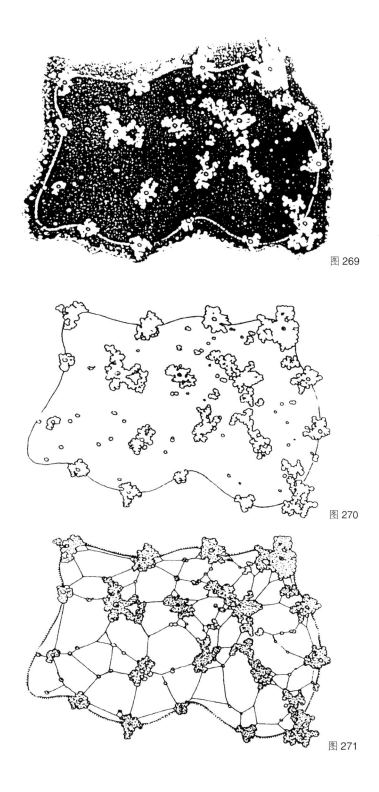

图 269

图 270

图 271

洪佩特定值 2.4

假设将城市想象成一个圆形，根据圆形的几何特性可以推导出在城市拓展的过程中，面积的扩展与周长的扩展会不成比例。但是在实际测量中却发现所有城市的周长与面积之间存在着某种必然联系。

这一恒量大约是 2.4。它就像中世纪城市吕贝克一样紧凑，恒定的比例意味着当表面积扩展时，居住区域必须产生更多的外围来维持外围圆周与城市面积的恒定比例；换句话说越复杂的形式需要越多样的结构，也就是一个理想化的几何圆形圆周的生长不是滞后于表面积的生长，而是成比例的，下文中将对这一现象做详细阐述。

尽管最初有人认为这个比例是不可能的，但是却可以激发进一步的思考。即使人们据此不能精确地画出建成区的规划或算出该面积的周长，这个模型可以很清楚地确定这些观察。

按照以上方法很容易生成具有洪佩特定值的凝结块，不论形状和大小，也就是说凝结块的边长与表面积的比例为 1，那么 H 与 π 相等。假设在测量中使用相同的系统，如图 272 所示面积为 1 的圆盘的边缘长为 π。因此，如果从系统中抽象出任何一个数字，H 为保留，但是这只能通过圆盘的相互联系实现。91 页中聚苯乙烯泡沫塑料球实际上对应的就是这个例子。它们被称为洪佩特污点，其中 H=π（如图 273，图 274）。

图 273

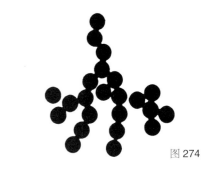

图 274

图 277

图 275
图 272

图 276

如图 275 所示硬币重叠就不能获得预期的结果，因为这样会使体积（V）缩小，导致的结果为：n/360° = 2.4/x → x ~270°。

这给我们一个比较准确的 3 / 4 圆的部分。这种圆片可以放在一起，如图 276 所示，H 仍是一个恒量，仅当测算出外围线的长度之后，定值 H=2.4。

在这种情况下，我们将无限多种可能出现的形式看做是一个整体，并定义 H=2.4（如图 277，图 278）。

到目前为止，起源、应用和结果都很难解释，但人们可以根据这个定值制出任何建成区域规划。

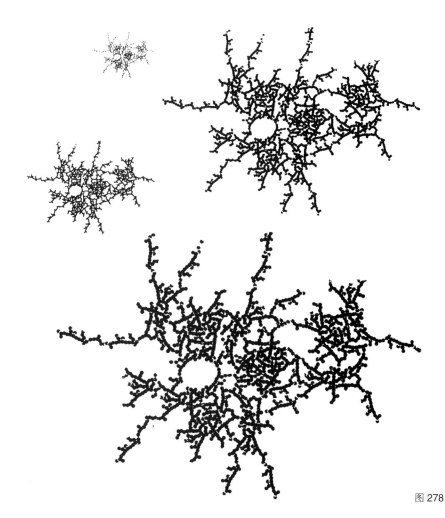

图 278

对道路和道路系统的占据——城市发展的过程

道路网连接着占据的领地、村庄、城市或巨大区域的中心。然而道路同时具有明显的占据目的，尤其在涉及与房屋、商店、公司或者小型农场时。如图 279 表示的是相同大小的肥皂泡在一条线路上密集占据的图像。

在有停靠站的地方，铁路促进了居民点的形成，高速公路也具有同样的效果。对于一般的人行道和机动车道，交叉路口和分支点也会促进居住区的发展。肥皂泡沫在最小道路分支处会形成凸起部分，这部分通常会形成另一层。如图 280 所示，这个凸起层刺激泡沫向纵向发展。

肥皂泡沫通常与线性元素以一定角度连接，如图 281 中的肥皂泡沫表示的是一个闭合的最短道路系统。

如上所述，各点间道路和道路系统与现存路网以一定角度相连。这种说法已经在 IL 的许多次试验中得到证明。

如图 282 和图 283 所示为小肥皂泡沫的实验，实验中第一个泡沫向道路交叉口移动并停留在那里，之后开始向周边延伸（如图 284，图 285）。

肥皂泡沫有双层膜。如图 286 所示为膜间存在的液体流动。

道路的占据可以在已经被完全占据的各点间进行。然而这需要不断有新的道路来适应占据的表面。但是如图 287~图 290 所示系统中心是空的。

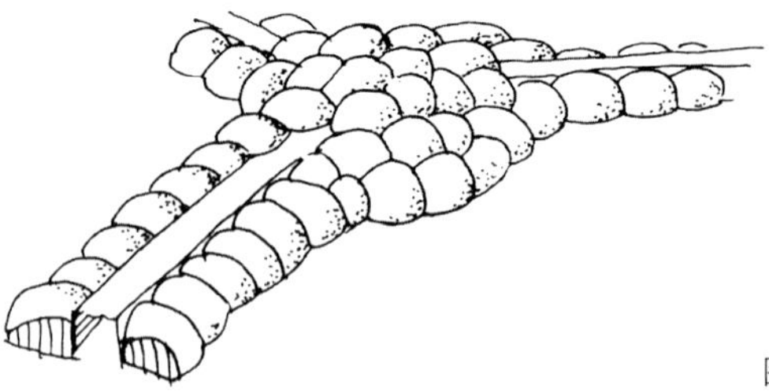

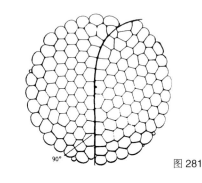

图 280

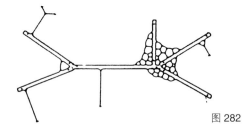

图 281

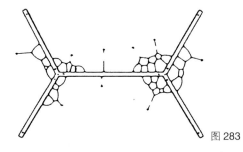

图 282

图 283

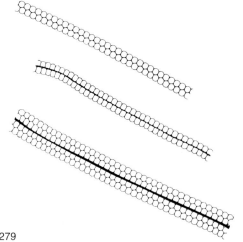

图 279

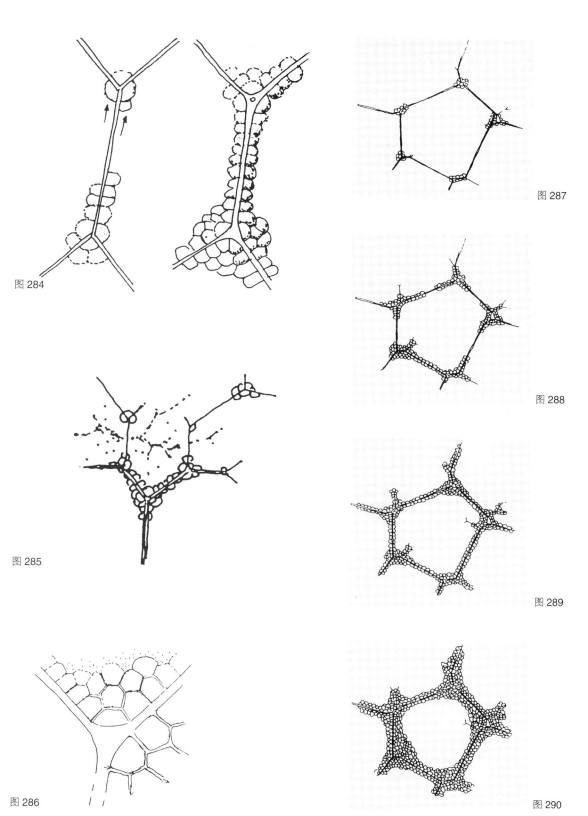

图 284

图 285

图 286

图 287

图 288

图 289

图 290

如图 291 所示，在最短道路的装置中排列的泡沫显示出了各种占据在没有道路衔接时其交接处的图像，但是在此过程中只考虑它作为区域的影响因素。

无疑，占据表面的道路排列对最有力的占据形式有着重要的影响（如图 292）。

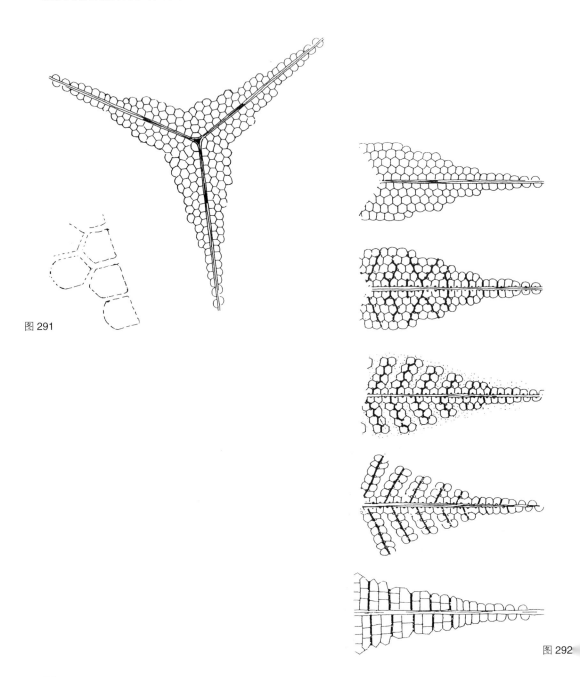

图 291

图 292

肥皂泡沫实验有效地验证了道路交叉口占据形式的发生过程。这个草图还需进一步深化（如图293）。

闭合道路的占据是对路网占据研究的深入（如图294）。

图295表示的是松散型占据的三角形栅格中的路网肯定会形成的叉路的道路网。

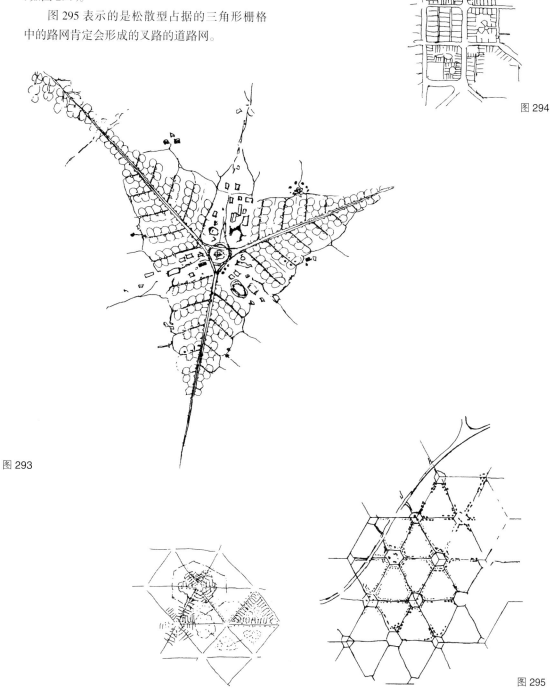

图293

图294

图295

图 296 所示为各种最简单和典型的松散型占据形式。

图 297 所示为密集增长状况下的松散型占据单位。

图 298 所示为没有道路网的高密度占据区域。

图 299 所示为占据内部到达边缘的最短路线。

自发聚集而成的高密度占据往往会变为紧凑型占据而没有多余空间分给其他城市功能,当占据超负荷时这点表现得尤为明显。这一原理运用的很少,但是例如自给自足家庭就可以随意布置家中的花园和小路(在第一部分的第 36 页可以看到)。

通过使用测量漂浮磁体和肥皂泡沫最小道路的装置,来精确模拟这里所提到的占据结构是非常合理的。为简单起见,这里采用一个相近的六边形栅格作为标准。

图 300 为带有大量点的分支道路系统的建立。

道路系统影响个体占据区域的大小和形式,包括单元的边界(如图 301)。

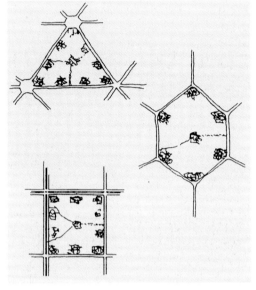

图 29

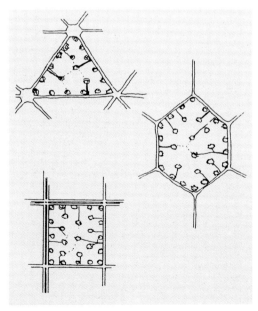

图 29

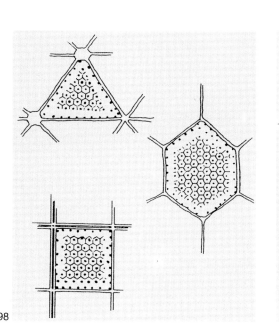

图 298

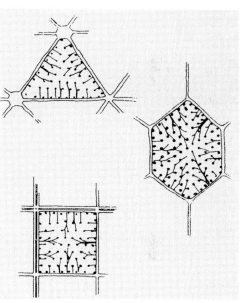

图 300

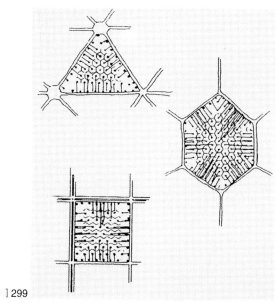

图 299

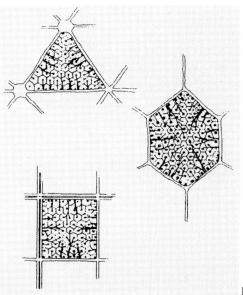

图 301

如图 302 所示，密集占据内部的道路系统有无限变化可能，形式的选择通常取决于与道路系统运行效率相关的基础设施。

居住密度对占据的外围起到了非常重要的作用（如图 303）。例如在呈带状分布并向外延伸的村落中、在土地和种植的树木大量填充的街区中。但事物往往具有两面性，柏林"创建期"的五层住宅公寓则反映出居住密度对占据发展不利的方面。

中世纪城墙围合的城市中存在一种特别密集的占据形式，该区域内没有直接的道路与街道相连（如图 304）。

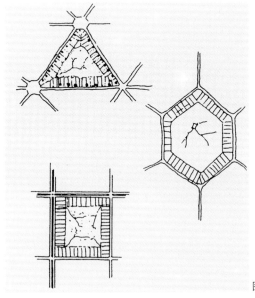

图 303

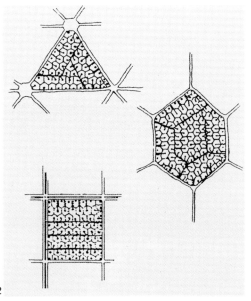

图 302

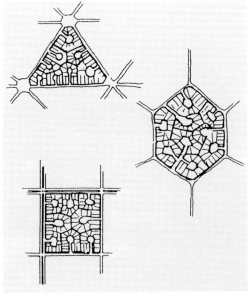

图 304

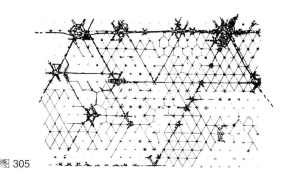

图 305

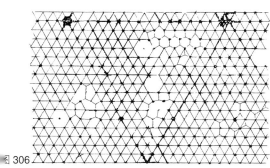

图 306

图解实验

如图 305,

三角形栅格中以松散型占据为基础的居住区的发展,区域内部由直达道路系统连接。

如图 306,

在一些地区,铁路的发展推动了区域不均衡的发展。铁路站点的兴建带动了周边居住区域的发展。

如图 307,

自动化交通的出现促进了大面积居住区域的扩张。区域间及区域内部的道路和高速公路依次影响了居民的聚居点。航空和高速铁路也有新的聚集效果。

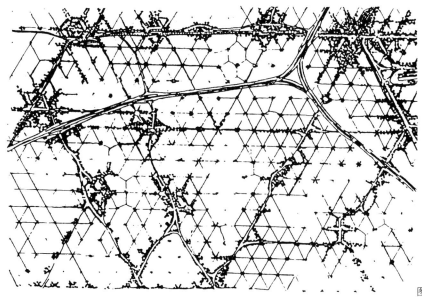

图 307

如图 308 和图 309 所示为古代欧洲中世纪村镇中心的有机发展，村落中心的构造与直达道路系统相似。它们的基础结构是否可以通过重新设计最优路径系统和占据来获得而不是通过记录建设历史的文脉来获得呢？

如图 310 所示为路网连接的农耕区域，许多支路连接了临近的村落。

只要系统人口密度不超过上限，这种大面积分布的占据与连接系统就会保持稳定。

接下来的段落将介绍如下内容：首先是高密度占据（如图 311），然后是通往中心区域的道路（如图 312），最后是松散型集聚（如图 313）。

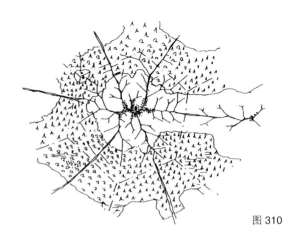

图 310

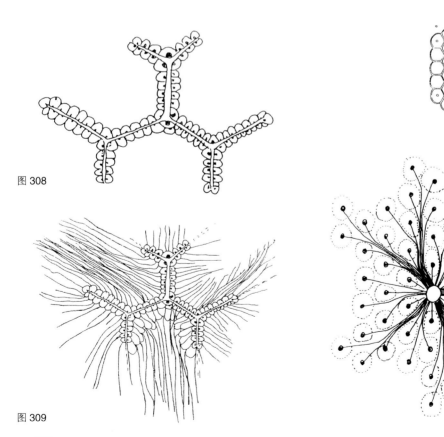

图 308

图 309

图 311

图 312

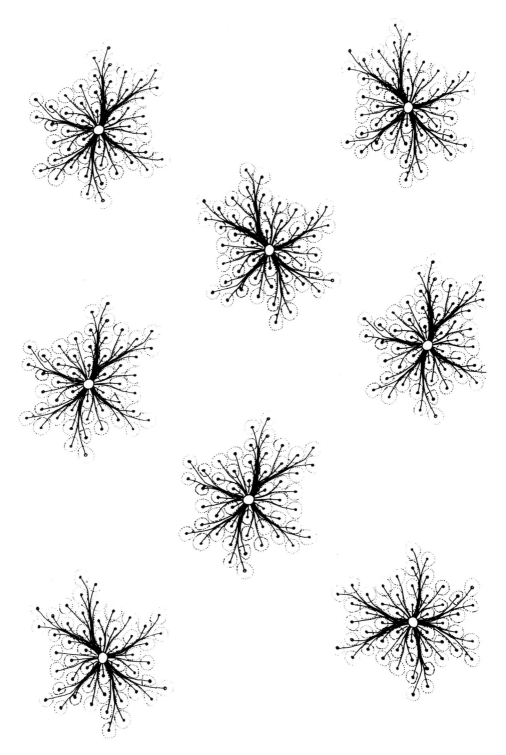

图 313

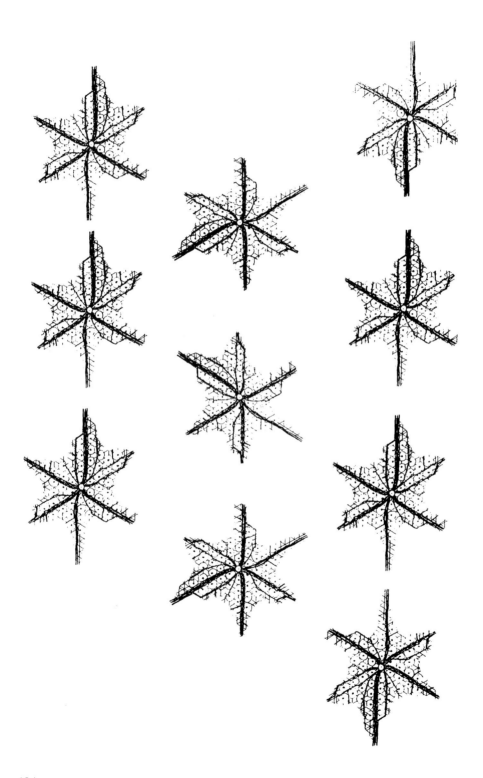

图 314

如图314所示，连接六个主要方向的道路代表了前面介绍的相同过程。

然而，交叉区域内含有土地或植被的占据反映出了图315~图317的现象：相邻占据间内部居住道路网集中于一点，这样达不到优化系统的效果。如果开始就从两个点来入手，结果可能完全不一样。

图315

图316

图317

如图 318 所示为想象的居住领域分布图，分别为 1、2、3、5 和 12 个居民点。图中表示为居住领域的中心区域和区域内道路网。上述的中心区域中，道路汇集到中心是十分罕见的。

如图 319 所示为含有 3、12、25 个居民点的区域图片。图 320 所示为一个典型的欧洲中心村落图，图中村落含有 63 个居民点，其中有 6 个居民点没有直接通往农耕区的道路（因为此区域为手工艺者、领导者等的居住地）。

图 319

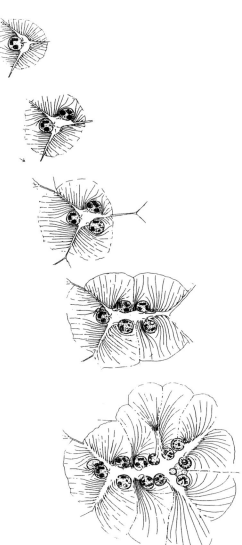

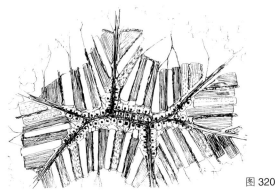

图 320

图 318

通过使用虚拟条件，尝试创造出一种多方位描述港口城市腹地的发展模式。

如图 321 所示为随机占据的居住中心。
如图 322 所示为相互联系的直线道路网。
如图 323 所示为最优化道路网。
如图 324 所示为农村居民点的扩张。
如图 325 所示为被占据的街道。
如图 326 所示为港口城市占优势。

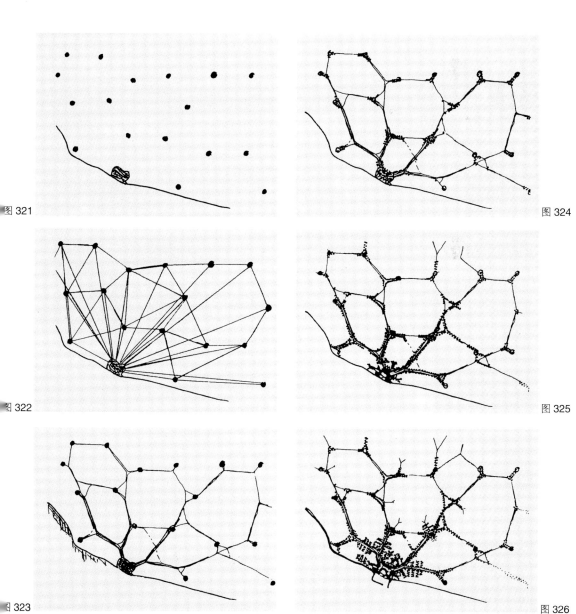

图 321

图 322

图 323

图 324

图 325

图 326

现实的研究

如图 327 所示，存在 6 条道路通往相邻聚集区在中部欧洲非常普遍。图中交叉路和 T 字路明显占有优势，这些引起了随后发生的联系反应。如图 328 所示为地区中心的高密度居住区域产生的闭合道路单元。

如图 329 所示，该地区在人们规划之前，中心道路网内部的每个点都有五六个分支。这从 20 世纪 60 年代到 80 年代乃至今天都很普遍。

下一步就是开始运用数据深入分析德国从小居住区到大城市的现状。如图 330 所示，许多道路系统的分析可以在易达·斯科尔的论文中找到。

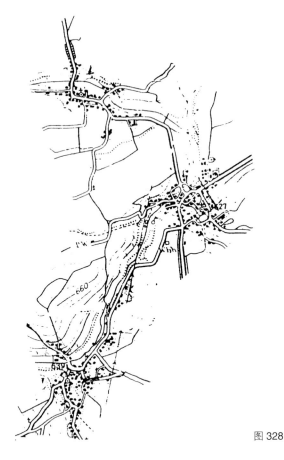

图 328

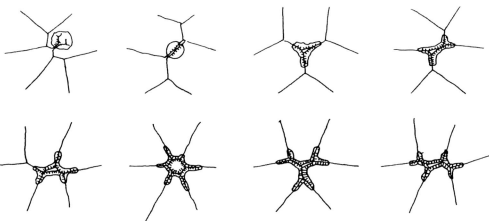

图 327

从历史的角度看，农庄、小居民区和村庄之间的路网非常古老，比最古老的建筑和罗马占领者（他们留下了一些独特的道路结构）都更悠久，直到人们发现了古罗马界墙。现在我们看到的最古老的居住道路系统可能要追溯到史前时期或石器时代。

今天道路依然存在，只是建筑等改变了道路占据的形式。伴随着法定占据区域的产生，道路结构的适应性被占据的多重性所束缚。

铁路已经诞生了150多年。目前的路线的基础是1880到1910年之间建成的。特别是在平原地区，铁路网对应的往往是一个优化的直达路网或是一个最优路网（如图331）。

图 330

图 331

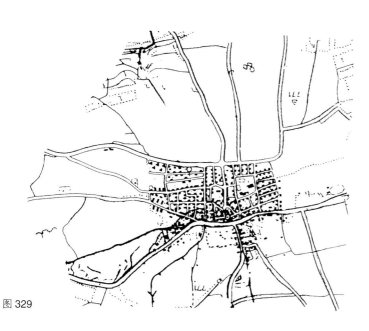

图 329

109

铁路具有古代欧洲道路所具有的一切特点，只是尺度不同。铁路连接的城市之间的距离大约在 7 到 12 英里，而农耕居住区域之间距离是 1 到 2 英里。

城市道路和高速路网的兴建开始于 20 世纪 20 年代，今天仍在大量建设（如图 332）。虽然有些混乱，但这个网络拥有一个有机网络发展的所有迹象。如果在对应的路网图上道路没有名字和边界，路网看上去就会像老鼠的巢穴。这并不是要说明老鼠会规划或者是老鼠是最聪明的动物或拥有最好的记忆力。

尽管没有充分规划，但德国的高速路系统已经非常方便与快捷。虽然该系统在制定路线和方向上有明显的缺陷，除去政治因素，它不能真正促进路网的优化。

由于高速公路网有很多十字交叉口，而不是两岔路口和丁字路口，因此不利于依靠指示牌。就存在了很多缺点。比如当一个人明知道目的地在左侧时，依照指示牌他必须要右转。这样就形成了高密度高速道路网，鲁尔地区就是这样一个容易迷路并容易发生事故的地区，或许可以说是路网设计得不够合理。

图 332

对理想城市的思考

有一些城市在很大程度上实用性不强、过度人工化和不美观。因此,进行分区是很重要的。规划设计者已经意识到像巴西利亚和昌迪加尔这样尺度过大且实用性不强的理想城市已经一去不复返;200年前城堡城市的那种冰冷的城墙和封闭的空间同样早已过时。

世界上根本不存在所谓的理想城市,但是存在普遍意义上的所谓生态、人性化和节能型的城市,对于这些城市要加以区别对待。

人类可以适应动、植物所不能适应的恶劣环境,这种迅速适应自然的能力给城市的评估带来了巨大的困难。

尽管世界上不存在所谓的理想城市,但是存在着依托科技和自然条件而发展起来的城市。人类最早的家园(非洲大草原或是伊甸园)只分布有村落,却并未出现城市。但是密集的居住村落同样可以和谐共存。

在过去的10年里,人们对于如何处理城市发展中出现的问题发生了根本性的转变。

由于规划具有滞后的特点,我们需要从居住、生态、经济文脉等方面综合考虑这种变化,即使在实际中这些很难观察到。

怎么办?

居住区、道路和房屋、城市和景观,这些都是我们环境的一部分,就如人们的身体一样重要。而居住区与道路网,占据与连接的变化是由它们自身的规律决定的。

规划者可以规划城市的形态。实际上,由于旧式的规划过程强调的不是规划师本人或是功能,以至于规划者不得不规划城市的形态。尽管这样,还是可以提倡这种自我更新的过程,前提是要知道如何运作。我们这个时代认识自我发展的过程能够使我们预测未来的发展状况,因为城市的发展是一个长期的过程,即使有时受到政策干扰而停止发展。

住宅和城市都是自然生成的,认识城市是一门自然科学,维持城市正常运行是一门艺术,就好比园艺学,只有充分了解了植被、土壤和水分才能真正做好园艺。

城市发展需要我们充分了解自然界中的生物和非生物以及技术与现状。

关于人类的行为,我们确实知道些什么呢?

是什么激励了人类和其他生物体的和平共处呢?

虽然谈论了许多生态方面的问题,但是我们对于物种的多样性、居住环境的污染和破坏还是知之甚少。在欧洲和德国,甚至没有可靠的分析研究数据。

我们不知道在我们国家一个人在工作、生活和交通时到底需要多少空间。

我们通过大量的研究,寻找一个既能满足人们生活需求同时又使其与环境和谐的地方。但是即使我遍整个国土依然难寻,这当中显然有不充分或错误的想法。这使我们意识到我们正在处理一个古老的文化景观问题,它维系了今天生机勃勃的人类活动,虽然开始时能量的消耗相当巨大,但是文化景观已经被证明有非常大的效益。道路系统历史悠久,任何人修改它们就有篡改历史的风险,所以制定新道路系统的人创造了历史,而历史会反过来验证他是否会成功。

人们长期占据道路系统会影响道路使用效率,即使短期内可能对周边环境有一定的促进作用。

房屋和道路的关系是相互的。

我们拥有过太多的道路形式,并不断地在建造新的马路、公路、铁路和机场等。其中的一些因为使用效率的下降而逐渐被淘汰或取代,这些已经远离城市景观的道路形式我们称之为:城市发展的碎片。

如果我现在还年轻,我会继续做大量的试验,如果IL和SFB仍然存在,我会试着去熟悉这些制作工艺,去发现一个罗马角斗场内部有通道的世界(现在的罗马角斗场内部没有通道)。

我同样迫切地希望研究结果能更简洁清晰,即使最后是对纯粹的数学方程式的研究,但是只有基于对文脉的理解才能使这些研究变得更为丰富和生动。

参考文献
Bibliography

Informations of the Institute for Lightweight Structures (IL), University of Stuttgart, edited by Frei Otto and Berthold Burkhardt:

IL 1. *Minimalnetze, Minimal Nets*, Stuttgart, 1969.
IL 5. *Wandelbare Dächer, Convertible Roofs*, Stuttgart, 1972.
IL 8. *Netze in Natur und Technik, Nets in Nature and Technics*, Stuttgart, 1975.
IL 10. *Gitterschalen, Grid Shells*, Stuttgart, 1974.
IL 18. *Seifenblasen, Forming Bubbles*, Stuttgart, 1988.
IL 24. *Form – Kraft – Masse*, Stuttgart, 1998.
IL 39. *Ungeplante Siedlungen, Unplanned Settlements*, Stuttgart, 1992.
IL 41. *Intelligentes Bauen, Building with Intelligence*, Stuttgart, 1995.

Belger, Frank (ed.), »Verzweigungen« in: *Mitteilungen des SFB 230*, no. 4, Universities of Stuttgart and Tübingen, 1992.

Gießmann, Sebastian, *Netze und Netzwerke, Archäologie einer Kulturtechnik 1740–1840*, transcript, 2006.

Nerdinger, Winfried (ed.), *Frei Otto – Complete Works. Lightweight Structures, Natural Design*, Basel, Boston and Berlin, 2005.

Otto, Frei, and others, *Natürliche Konstruktionen*, Stuttgart, 1982.

Otto, Frei, and Bodo Rasch, *Gestalt finden*, Munich, 1995.

Thompson, D'Arcy Wentworth, *On Growth on Form*, Cambridge, 1917.

致谢

Sybille Becker, Klaus Brenner and Klaus Humpert, »Das Phänomen der Ballung, 60 Metropolen im Vergleich«, in: *Mitteilungen des Instituts für leichte Flächentragwerke*, vol. 41, Stuttgart, 1995 **251**

Deutsche Bundesbahn **330**

Arthur B. Gallion, *The Urban Pattern*, New York, 1950 **122–128, 239–241, 247–251**

Eda Schaur, *Ungeplante Siedlungen – Non-planned Settlements (IL 39)*, diss., Stuttgart, 1992 **156**

本书中的图照没有提及作者及出处的，均来自于德国斯图加特大学轻量结构研究所。